职业教育机械类专业"互联网+"新形态教材

数控车床编程与操作项目教程

主　编　周全华

副主编　陈　涛　贺红妮

参　编　李舒林　罗淑芬　王进凤

主　审　王　斌

机械工业出版社

本书是根据车工必须具备的加工中等复杂程度零件的能力，熟练掌握数控加工工艺和数控加工程序编制方法，熟练进行数控加工设备操作和维护以及生产一线技术骨干培养目标的要求，同时依据车工国家职业资格鉴定标准编写而成的。

本书共分四个模块，分别为基础训练、中级综合训练、高级技能训练和高级综合训练。每个模块下有多个项目（共 30 个），每个项目都有例题讲解并设置了难度逐步递进的拓展练习。依据本书能完成从车工初级工到中级工、高级工的技能鉴定阶梯训练，本书能适应职业院校数控实训教学需要。

为便于教学，本书配套有电子教案、助教课件、教学视频等教学资源，选择本书作为教材的教师可来电（010-88379193）索取，或登录网站（www.cmpedu.cn）注册、免费下载。

本书可作为职业院校数控技术专业、机电一体化专业和模具设计与制造专业的教材，也可作为国家职业技能鉴定考试培训教材。

图书在版编目（CIP）数据

数控车床编程与操作项目教程／周全华主编.
北京：机械工业出版社，2024.8. --（职业教育机械类专业"互联网+"新形态教材）. -- ISBN 978-7-111
-76260-7

Ⅰ. TG519.1
中国国家版本馆 CIP 数据核字第 2024YC9169 号

机械工业出版社（北京市百万庄大街 22 号　邮政编码 100037）
策划编辑：黎　艳　　　　　　责任编辑：黎　艳　赵文婕
责任校对：张亚楠　王　延　　封面设计：张　静
责任印制：郜　敏
中煤（北京）印务有限公司印刷
2024 年 10 月第 1 版第 1 次印刷
184mm×260mm · 15 印张 · 370 千字
标准书号：ISBN 978-7-111-76260-7
定价：49.00 元

电话服务　　　　　　　　　　网络服务
客服电话：010-88361066　　机　工　官　网：www.cmpbook.com
　　　　　010-88379833　　机　工　官　博：weibo.com/cmp1952
　　　　　010-68326294　　金　书　网：www.golden-book.com
封底无防伪标均为盗版　　机工教育服务网：www.cmpedu.com

前　言

为适应传统制造业领域优化升级的需要，对接装备制造产业数字化、网络化、智能化发展新趋势，对接新产业、新业态、新模式下机械制造工程技术人员、机械冷加工人员等岗位（群）的新要求，同时为了更好地适应我国职业教育的发展和满足新型数控应用型人才的培养需求，方便师生在实训过程中阶段性、有目的性地教学与学习，经过长期的实践并对教学过程进行总结，按照人力资源和社会保障部制定的有关国家职业技能鉴定规范，我们编写了本书。

本书主要以 FANUC 0i 系统数控车床为例，介绍数控车床的操作方法。本书采用项目驱动的教学模式，注重教学过程的互动，让学生能自主参与相关的工艺分析、工艺卡的规范填写和自我评价。本书有以下特点：

1）深入贯彻党的二十大精神，增强职业教育适应性，以中、高职院校对数控技术专业人才的培养目标和国家职业技能鉴定标准为准则，并把两者紧密结合，尽量使国家职业技能鉴定与车工实训过程全程紧密结合，让教学更具阶段性和目的性。

2）实训项目的难度逐步递进。在项目训练中设置多个拓展练习，在这些练习中尽量做到难度逐步增加、毛坯规格相同、所需刀具和量具相同，这样更能便于教学的准备与教学过程的控制，使实训教学具有更多的选择性，使实训载体更加丰富多样。

3）注重课堂教学过程中的互动，让学生能进行相关的工艺分析、工艺卡的规范填写和自我评价。通过学生的学习笔记与教师的评价，能真实地反映实训教学全过程和实训教学效果。

本书由湖南航空技师学院周全华任主编，陈涛、贺红妮任副主编，李舒林、罗淑芬、王进凤参与编写。本书由资深专家王斌主审。

在本书的编写过程中，编者参阅了已出版的有关教材和资料，在此对它们的作者表示衷心的感谢！

由于编者水平有限，书中不妥之处在所难免，恳请读者批评指正。

编　者

二维码清单

名称	图形	名称	图形
车削外圆、端面、台阶		螺纹加工	
车削圆弧		封闭轮廓循环	
单一形状固定循环		孔的加工	
外（内）径复合循环		综合训练一	
端面复合循环		综合训练二	
切槽与切断			

目 录   CONTENTS

绪　论

知识目标

1. 熟知数控车床的加工范围。
2. 熟知车刀的几何结构
3. 熟知车刀的材料。

技能目标

1. 掌握常用量具的使用方法。
2. 能根据加工材料的不同合理选择刀具。

素养目标

养成良好的职业习惯和实事求是的做人做事态度。

一、数控车床的加工范围及特点、结构

数控车床即用计算机数字控制的车床，它具有通用性好、加工精度高、加工效率高的特点，是目前使用量最大、覆盖面最广的一种数控机床。

按主轴位置不同，数控车床可分为卧式数控车床和立式数控车床两大类。卧式数控车床主要分为水平导轨卧式数控车床（图0-1）和倾斜导轨卧式数控车床（图0-2）。卧式数控车床主要用于车削径向尺寸小、轴向尺寸相对较大的轴类零件；立式数控车床（图0-3）主要用于车削轴向尺寸小、径向尺寸相对较大的盘类零件。

图 0-1　水平导轨卧式数控车床

（一）数控车床的加工范围及特点

1) 适应能力强，适用于多品种、小批量零件（图0-4）的加工。

2) 加工精度高，加工质量稳定可靠，适用于精密零件（图0-5）的加工。

3) 柔性高，能够加工复杂型面（图0-6）。

4) 生产率高。

1

图 0-2　倾斜导轨卧式数控车床　　　　图 0-3　立式数控车床

图 0-4　多品种、小批量零件

图 0-5　精密零件

5）减轻了操作人员的劳动强度。

（二）数控车床的结构

1. 卧式数控车床的整体结构

典型卧式数控车床的机械结构包括自动送料机构、主轴卡盘、刀架、尾座、主轴电动机或 C 轴控制的主轴电动机、机内对刀仪、工件接收器、自动排屑装置、副主轴等，如图 0-7 所示。

根据床身与滑板的不同，数控车床整体布局形式可分为平床身-平滑板、斜床身-斜滑板、平床身-斜滑板、立床身-立滑板四种，如图 0-8 所示。

图 0-6　复杂型面

2. 刀架的结构形式及常见的数控车床

（1）刀架的结构形式　数控车床为适应不同的加工场合，刀架结构形式各有特点，大致可以分为排刀式刀架和转塔式刀架两大类。

排刀式刀架一般用于小型数控车床。各种刀具排列并夹持在可移动的滑板上，换刀时可实现自动定位。

大多数数控车床使用转塔式刀架，刀具沿圆周方向安装在刀架上，可以安装径向车刀、

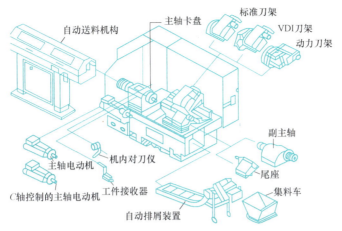

图 0-7　卧式数控车床的机械结构

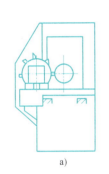 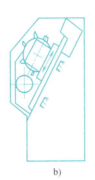 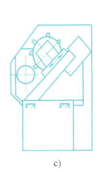 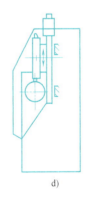

a)　　　　　　b)　　　　　　c)　　　　　　d)

图 0-8　床身与滑板

a）平床身-平滑板　b）斜床身-斜滑板　c）平床身-斜滑板　d）立床身-立滑板

轴向车刀、钻头、镗刀等。车削加工中心还可以安装轴向铣刀、径向铣刀。

（2）常见的数控车床

1）经济型数控车床，如图 0-9 所示。

2）全功能数控车床，如图 0-10 所示。

3）车削加工中心，如图 0-11 所示。

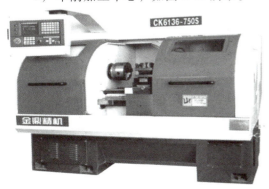 

图 0-9　经济型数控车床　　　　　　图 0-10　全功能数控车床

二、常用量具及其使用

为保证零件的加工精度，合理选用量具并正确测量至关重要。在数控加工中，常用的量具有钢直尺、游标卡尺、千分尺、百分表（千分表）、杆杠指示表、内径指示表、表面粗糙度比较样块、螺纹样板、量规、游标万能角度尺等。

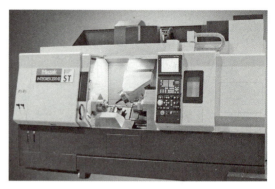

图 0-11　车削加工中心

（一）钢直尺

钢直尺（图 0-12）是用不锈钢制成的尺边平直的一种量具，用于测量工件的长度、宽度、高度、深度等。其分度值为 1mm，后可估读一位，如 50.3mm。

图 0-12　钢直尺

（二）游标卡尺（图 0-13）

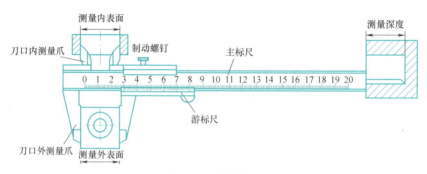

图 0-13　游标卡尺

1. 游标卡尺的读数原理

游标卡尺的读数部分由主标尺和游标尺组成，它利用主标尺的标尺间隔和游标尺的标尺间隔之差进行小数读数。以分度值为 0.02mm 的游标卡尺为例，主标尺的标尺间隔为 1mm，当两测量爪合并时，游标卡尺的第 50 个标尺标记正好与主标尺的 49mm 对齐。主标尺与游标尺的标尺间隔之差为 0.02mm，即 1mm−49mm÷50＝0.02mm，此差值 0.02mm 即为游标卡尺的分度值。

2. 游标卡尺的读数方法

用游标卡尺测量时，首先应知道游标卡尺的分度值和测量范围。游标的零线是读毫米的基准。读数时，应看清主标尺和游标尺的标尺标记，两者结合起来读。具体读数步骤如下：

读整数：读出主标尺上靠近游标尺零线左边最近的标尺标记，该数值即为被测量的整数值。

读小数：找出与主标尺标尺标记相对准的游标尺的标尺标记，将其顺序号乘以游标卡尺的分度值所得的积，即为被测量的小数值。

求和：将整数值和小数值相加，所得的数值即为测量结果，如图 0-14 所示。

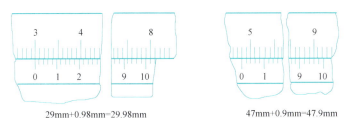

29mm+0.98mm=29.98mm　　　　47mm+0.9mm=47.9mm

图 0-14　游标卡尺的读数方法

3. 注意事项

游标卡尺作为比较精密的量具，使用时应注意以下事项：

1）使用前，应先擦干净两测量爪测量面，合并两测量爪，检查游标尺零线与主标尺零线是否对齐，若未对齐，应根据原始误差修正测量读数。

2）测量工件时，测量爪测量面必须与工件的表面平行或垂直，不得歪斜，且用力不能过大，以免测量爪变形或磨损，影响测量精度。

3）读数时，视线要垂直于尺面，否则测量值不准确。

4）测量内径尺寸时，应轻轻摆动，以便找出最大值。

5）游标卡尺用完后，仔细擦净，抹上防护油，平放在盒内，以防生锈或变形。

（三）千分尺

千分尺即螺旋测微器，利用螺旋放大的原理（如旋转一周，轴向移动 0.5mm）制作而成。用千分尺测量不同对象时，其测头的结构也不同，因此千分尺可分为外径千分尺（图 0-15a）、内径千分尺（图 0-15b）、深度千分尺（图 0-15c）、螺纹千分尺（图 0-15d）、公法线千分尺（图 0-15e）、叶片千分尺（图 0-15f）等。

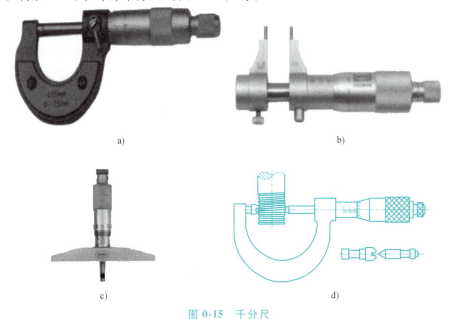

a)　　　　　　　　　　　　　　b)

c)　　　　　　　　　　　　　　d)

图 0-15　千分尺

a）外径千分尺　b）内径千分尺　c）深度千分尺　d）螺纹千分尺

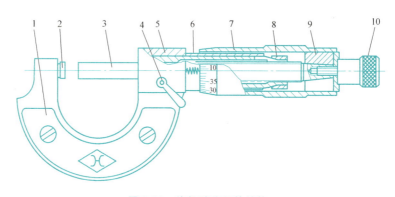

图 0-15 千分尺（续）

e）公法线千分尺 f）叶片千分尺

下面以分度值为 0.01mm 的外径千分尺为例介绍外径千分尺。外径千分尺的结构如图 0-16 所示。

图 0-16 外径千分尺的结构

1—尺架 2—测砧 3—测微螺杆 4—锁紧装置 5—螺纹轴套
6—固定套管 7—微分筒 8—调节螺母 9—接头 10—测力装置

1. 千分尺的读数原理

千分尺测微螺杆的螺距为 0.5mm，当微分筒转动一周时，测微螺杆就会沿轴线移动 0.05mm。固定套管上的标尺间隔为 0.5mm，微分筒圆锥面上刻有 50 个标尺标记。当微分筒转动 1 个标尺间隔时，测微螺杆就移动 0.01mm，即 0.5mm÷50＝0.01mm，因此，该千分尺的分度值为 0.01mm。

2. 千分尺的读数方法

读毫米和半毫米数：读出微分筒边缘固定在尺身的毫米和半毫米数。

读不足半毫米数：找出微分筒上与固定套管上基准线对齐的标尺标记，并读出相应的不足半毫米数。

求和：将两组读数相加，所得结果即为被测尺寸，如图 0-17 所示。

3. 千分尺的使用注意事项

1）测量前用标准件校正千分尺。微分筒的端面与固定套管上的零线若不重合，用专用扳手调节固定套管的位置，使两零线对齐。

2）千分尺是一种精密的量具，使用时应小心谨慎，动作轻缓，不要让它受到冲击和碰撞。

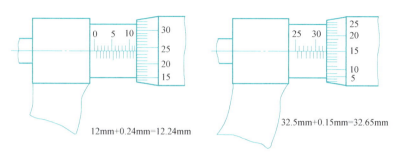

12mm+0.24mm=12.24mm

32.5mm+0.15mm=32.65mm

图 0-17　千分尺的读数

3）有些千分尺为了防止手温使尺架膨胀引起微小的误差，在尺架上装有隔热装置。使用时应手握隔热装置，而尽量少接触尺架的金属部分。

4）使用千分尺测同一长度时，一般应反复测量几次，取其平均值作为测量结果。

5）千分尺使用完毕，用纱布擦干净，在测砧与螺杆之间留出一点空隙，放入盒中。如长期不用需抹上润滑脂或机油，放置在干燥的地方。注意不要让它接触腐蚀性气体。

6）千分尺只适用于测量精度较高的尺寸，不能测量毛坯面，更不能在工件转动时进行测量。

7）从千分尺上读取尺寸时，应在工件未取下前进行，读完后，松开千分尺，再取下工件；也可将千分尺用锁紧装置锁紧后，把工件取下后读数。

（四）百分表（千分表）

1. 百分表（千分表）的结构和测量原理

百分表的结构与测量原理如图 0-18 所示。

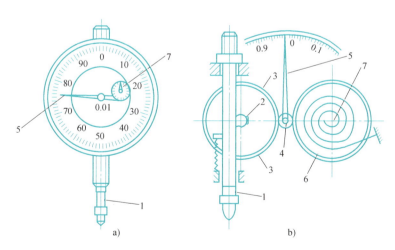

图 0-18　百分表的结构与测量原理

1—测量杆（带齿条）　2、4—轴齿轮　3—齿轮　5—长指针　6—齿轮　7—短指针

2. 百分表（千分表）使用注意事项

1）使用前，应检查测量杆活动的灵活性。

2）使用时，必须把表固定在可靠的夹持架上。

3）测量时，不要使测量杆的行程超过它的测量范围，不要使表头突然撞到工件上，也不要用百分表（千分表）测量表面粗糙或有显著凹凸不平的工件。

4）测量平面时，百分表（千分表）的测量杆要与平面垂直；测量圆柱形工件时，测量杆要与工件的中心线垂直。

5）为方便读数，在测量前一般都让长指针指到度盘的零位。

6）百分表（千分表）不用时，应使测量杆处于自由状态，以免使表内弹簧失效。

（五）杠杆指示表

杆杆指示表是利用杠杆-齿轮传动机构将长度尺寸转换为指针的角位移，并指示出长度尺寸数值的计量器具。它常用于一般百分表（千分表）难以测量的场合。杆杆指示表的结构与测量原理如图 0-19 所示。测量杆 6、杠杆 5、齿条 4 为一整体，通过支座形成杠杆结构，测量杆 6 在摆动时可通过杠杆 5 带动齿条 4 摆动，齿条 4 带动齿轮 2 转动，齿轮 2 上的指针 3 随之转动来指示刻度。

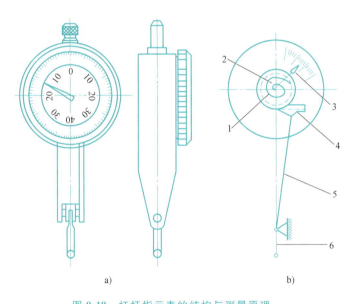

a)   b)

图 0-19　杠杆指示表的结构与测量原理

1—弹簧　2—齿轮　3—指针　4—齿条　5—杠杆　6—测量杆

（六）内径指示表

内径指示表（图 0-20）是内量杠杆式测量架和百分表的组合，用以测量或检验零件的内孔、深孔直径及其形状精度，如图 0-20和图 0-21 所示。

内径指示表的测量原理和使用方法如下：

1）内径指示表的测量原理是用比较法测量内孔直径，它将测头的直线位移转换成指示表的角位移并通过指示表显示读数。

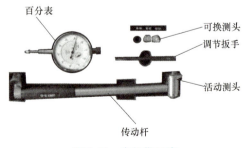

图 0-20　内径指示表

2）测量前根据被测孔径的大小，选择合适的测头，在专用的环规或千分尺上调整好尺寸范围后才能使用。

3）测量时，传动杆的中心线与工件中心线平行，不得歪斜，同时应在圆周上多测几个点，找出孔径的实际尺寸，看是否在公差范围以内。

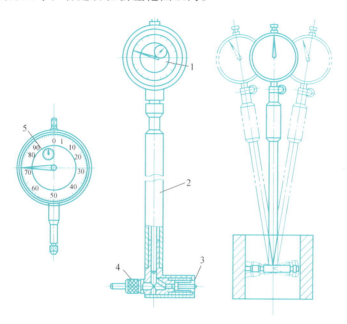

图 0-21　内径指示表的结构

1、5—百分表　2—传动杆　3—活动测头　4—可换测头

（七）比较样块（样板）

1. 表面粗糙度比较样块

表面粗糙度比较样块因工种的不同而有不同的系列，如车、铣、刨、平面磨、外圆磨、研磨等。图 0-22 所示为表面粗糙度比较样块，有 $Ra6.3\mu m$、$Ra3.2\mu m$、$Ra1.6\mu m$ 和 $Ra0.8\mu m$ 四种样块。

2. 螺纹样板

如图 0-23 所示，螺纹样板是一种带有不同螺距的基本牙型薄片，用来与被测螺纹进行比较，从而确定被测螺纹的形状与螺距。其使用如图 0-24 所示。

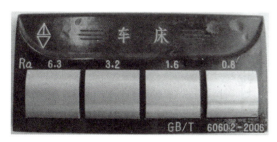

图 0-22　表面粗糙度比较样块

图 0-23　螺纹样板

3. 半径样板

如图 0-25 所示，半径样板用来测量凹圆弧或凸圆弧的半径，由钢片研磨制成不同半径

尺寸的标准圆弧形状。测量时必须使半径样板的测量面与工件的圆弧完全地紧密接触，当测量面与工件的圆弧之间没有间隙时，工件的圆弧半径值即为半径样板上所标示的数字。

图 0-24　螺纹样板的使用　　　　　　　　　　　图 0-25　半径样板

（八）量规

量规是一种没有刻度的定值检验工具。目前我国机械行业中使用的量规种类很多，除有检验孔、轴尺寸的光滑极限量规外，还有螺纹量规、圆锥量规、花键量规、位置量规及直线尺寸量规等。

1. 光滑极限量规

（1）塞规　塞规两头各有一个圆柱体，长圆柱体一端为下极限尺寸的一端，称为通端；短圆柱体一端为上极限尺寸的一端，称为止端。检查工件时，通端能通过孔而止端不能通过，说明孔尺寸加工合格。

（2）环规　环规下极限尺寸的一端称为止端；上极限尺寸的一端称为通端。环规有双头结构和单头结构两种。检查工件时，通端能通过轴而止端不能通过，说明轴尺寸加工合格。

2. 螺纹量规

螺纹量规是用通端和止端综合检验螺纹的量规。螺纹塞规（图 0-26a）用于综合检验内螺纹，长螺纹一端为通端，标示"T"；短螺纹一端为止端，标示"Z"。螺纹环规（图 0-26b）用于综合检验外螺纹，通端为一件，标示"T"；止端为另一件，标示"Z"。

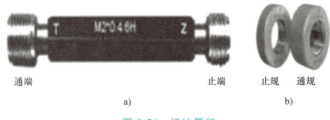

通端　　　　　　　　　　　　　止端　　　止规　通规

a)　　　　　　　　　　　　　　　　b)

图 0-26　螺纹量规

a）螺纹塞规　b）螺纹环规

螺纹环规的使用方法（图 0-27a）：

1）首先清理被测螺纹的油污及杂质。

2）通规对正被测螺纹，在自由状态下全部旋入螺纹长度，则判定为合格。

3）止规对正被测螺纹旋入，旋入螺纹长度在两个螺距之内为合格。

螺纹量规的使用方法（图 0-27b）同螺纹环规。

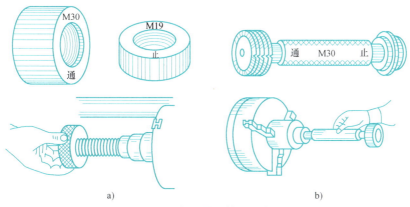

图 0-27　螺纹量规的使用方法

（九）游标万能角度尺

游标万能角度尺的基本结构如图 0-28 所示，它用于测量机械加工中的内、外角度。

测量过程中需适当调整游标万能角度尺，可测量 0°~320° 的外角和 40°~130° 的内角，如图 0-29 所示。

游标万能角度尺的读数原理（图 0-30）与游标卡尺相似，分三步进行：

1）先从主尺上读出游标尺零线指示的整"度"的数值，示例中为 16°。

2）判断游标尺上与主尺对齐的标尺标记，确定角度"分"的数值，示例中为 12′。

3）把两者相加，即被测角度的数值，示例中的读数为 16°+12′=16°12′。

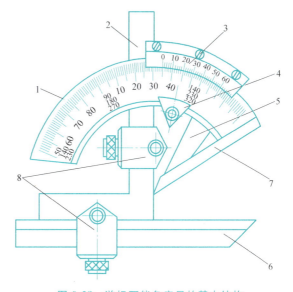

图 0-28　游标万能角度尺的基本结构

1—主尺　2—直角尺　3—游标尺　4—锁紧装置　5—扇形板
6—直尺　7—基尺　8—夹紧块

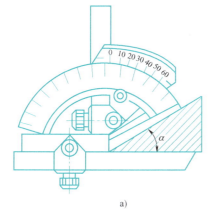

a)

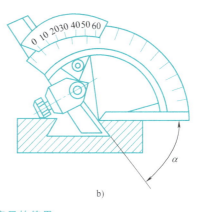

b)

图 0-29　游标万能角度尺的使用

a）测量 0°~50°　b）测量 50°~140°

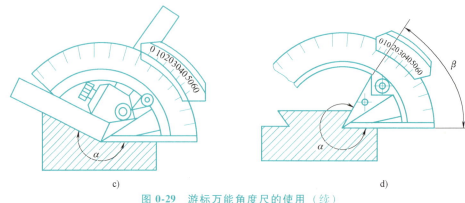

c)

d)

图 0-29 游标万能角度尺的使用（续）

c）测量 140°~230° d）测量 230°~320°

三、常用数控车床夹具及其使用

不同结构的零件在数控车床上的装夹形式
不同，常用的夹具有卡盘、顶尖等。

（一）卡盘装夹

卡盘的常见形式有自定心卡盘和单动卡
盘，如图 0-31 所示。

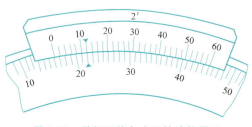

图 0-30 游标万能角度尺的读数原理

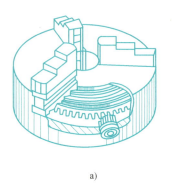

a)

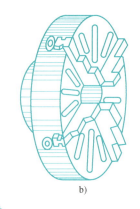

b)

图 0-31 卡盘

a）自定心卡盘 b）单动卡盘

自定心卡盘装夹面与加工面同轴，能自动定心，夹持工件时一般不需要找正，安装工件
快捷、方便。但定心精度不是很高，夹紧力不大，所以一般适用于装夹精度要求不是很高、
质量较小、中小型尺寸、形状规则的轴类和盘套类零件。

自定心卡盘一般由卡盘体、活动卡爪和卡爪驱动机构组成，自定心卡盘装夹工件的工作
原理如图 0-32 所示。

用卡盘扳手插入任一小锥齿轮的方孔中转动时，大锥齿轮也随之转动；三个卡爪在大锥
齿轮背面平面螺纹的作用下，同时向中心或背离中心移动，以夹紧或松开工件。

单动卡盘由一个盘体、四个丝杠、四个卡爪组成。常见的单动卡盘每个卡爪都可单独运
动，没有自动定心功能，工作时用手分别转动四个丝杠，对应带动和调整四爪位置，夹紧力

较大。单动卡盘除装夹回转体棒料外，还用于装夹各种方形、偏心、质量较大、不规则、尺寸较大、表面很粗糙的工件。

装夹较小工件时卡爪正装（图0-33a），装夹较大工件时可将卡爪反装（图0-33b所示）。

卡爪有硬爪和软爪之分。硬爪经淬火处理，硬度大，难以被切削，可用来调整装夹定位；软爪选用低碳钢、铜或铝制成，硬度较小，不易夹伤工件。在安装卡盘的同时可车一下装夹面，以保证较高的装夹精度。卡爪安装时，要按卡爪上的号码1、2、3的顺序进行，对应卡盘体上的数字顺序号。

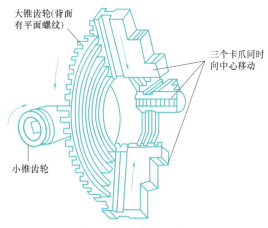

图 0-32　自定心卡盘装夹工件的工作原理

（二）花盘装夹

花盘一端连接主轴，另一端为垂直于主轴轴线的大盘面，盘面上有若干条径向T形槽，工件可用螺栓和压板直接安装在花盘上，如图0-34所示。工件装夹后常会出现重心偏离中心的现象，这时必须在相对一侧加装配重块，避免车削时出现冲击和振动，确保安全。

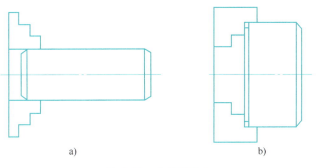

a)　　　　　　　　　b)

图 0-33　卡盘的装夹

a）正装　b）反装

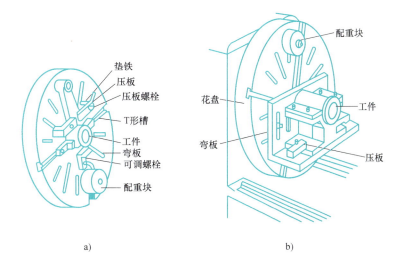

a)　　　　　　　　　b)

图 0-34　花盘装夹

a）花盘与压板装夹工件　b）花盘与弯板配合装夹工件

（三）一夹一顶装夹

对于夹持位置长度不够、尺寸较长的工件，不能用卡盘直接装夹，应使用一端卡盘夹持、另一端用尾座顶尖顶住的装夹方式，如图 0-35 所示。这种装夹提高了夹持的稳定性和刚度，车削时系统能承受较大的轴向车削力，从而增加切削用量。

（四）两头顶尖装夹

对于较长工件或在车削后还需要磨削的轴类工件，为保证各工序加工表面的位置精度，通常以工件两端的中心孔作为统一的定位基准，用前后顶尖定位工件，通过拨盘和卡箍（鸡心夹头）夹紧工件。工作时，主轴带动拨盘旋转（拨盘后端的内螺纹与主轴连接），拨盘带动卡箍旋转，卡箍带动工件旋转（卡箍及其锁紧螺钉夹紧工件），如图 0-36 所示。

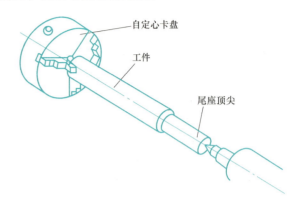

图 0-35　一夹一顶装夹

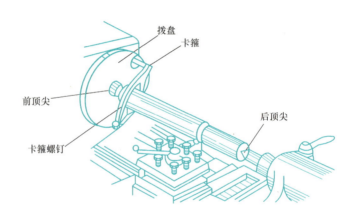

图 0-36　两头顶尖装夹

（五）中心架和跟刀架辅助装夹

当车削工件长度为工件直径的 25 倍以上时，工件受径向切削力、自重和旋转离心力的作用，容易产生弯曲和振动，严重影响加工精度和表面质量。此时需要用中心架或跟刀架作为辅助支承，提高安装刚度，并采用低速进行车削。中心架由压板、螺栓紧固在床身导轨上，调节三个支承爪与工件均匀、轻微接触，以增加刚性，如图 0-37 所示。

当工件不宜分段加工或调头加工时，应使用跟刀架作为辅助支承，

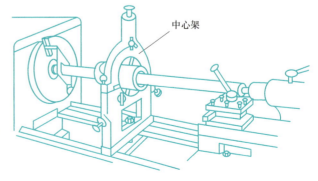

图 0-37　中心架辅助装夹

跟刀架固定在车床纵拖板上，调节两个支承爪支承工件，并与刀架一起移动，如图 0-38 所示。

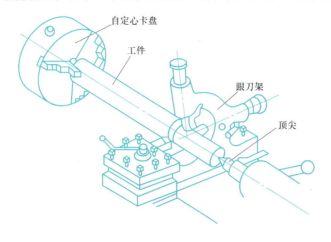

图 0-38　跟刀架辅助装夹

（六）心轴装夹

当套筒类或盘类零件以内孔作为定位基准，且要保证外圆轴线和内孔轴线的同轴度要求时可采用心轴定位，如图 0-39 所示。以工件的圆柱孔作为定位基准时，常采用圆柱心轴和小锥度心轴；以工件的锥孔、螺纹孔、花键孔作为定位基准时，常采用相应的锥体心轴、螺纹心轴和花键心轴。

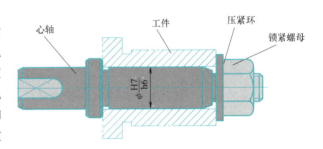

图 0-39　心轴装夹

四、常用数控车削刀具

（一）车刀的类型

1. 按加工工艺类型分类

根据加工工艺类型不同，车刀可分为外圆车刀、车槽刀、螺纹车刀、内孔镗刀、端面车刀、成形车刀等，如图 0-40 所示。

2. 按加工方向分类

根据加工方向不同，车刀可分为右切车刀、左切车刀、双向车刀。主偏角为 90° 的外圆车刀称为偏刀。偏刀分为左偏刀和右偏刀两种，常用的是右偏刀，它的切削刃向左。偏刀用于车削工件的端面、台阶、外圆等，车削细长工件的外圆时可以避免将工件顶弯。

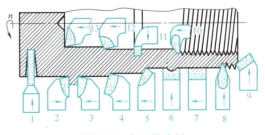

图 0-40　车刀的类型

1—切断、车槽刀　2—90°外圆左偏车刀　3—90°外圆右偏车刀　4—弯头车刀　5—外圆车刀　6—成形车刀　7—宽刃车刀　8—外螺纹车刀　9—45°弯头车刀　10—内螺纹车刀　11—内槽车刀　12—通孔车刀　13—不通孔车刀

3. 按车刀结构分类

根据车刀结构不同，车刀可分为整体式车刀、焊接式车刀、机夹式车刀、可转位（机夹式）车刀，如图 0-41 所示。

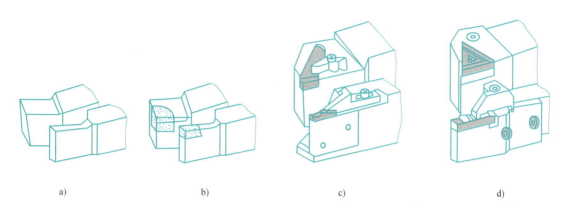

图 0-41　车刀结构
a）整体式　b）焊接式　c）机夹式　d）可转位机夹式

（1）整体式车刀　通常整体用高速钢制成，刀头根据加工需要磨成相应的形状和几何角度。

（2）焊接式车刀　将具有一定形状的标准硬质合金刀片焊在碳钢刀杆的刀槽上的车刀。

（3）机夹式车刀　将硬质合金刀片用机械紧固的方法固定在刀杆上的车刀，避免了焊接式车刀因焊接产生的应力、裂纹等缺陷，且刀杆可多次使用。

（4）可转位机夹车刀　将多边切削刃的标准硬质合金刀片，以机械夹固方式紧固在刀杆上的车刀。切削时当一边切削刃用钝后，将刀片转位可继续使用，全部切削刃用钝后，更换刀片即可。

（二）车刀的几何结构

车刀由刀杆部分（用于装夹车刀）和切削部分（完成切削工作）组成，其中切削部分由以下各部分组成，如图 0-42 所示。

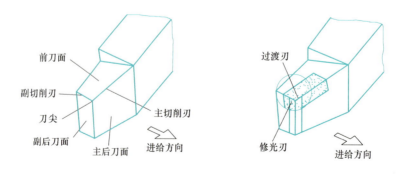

图 0-42　车刀的几何结构

前刀面：切削时切屑流过的表面。

主后刀面：切削时与过渡表面相对的刀面。

主切削刃：前面与主后面交线构成的切削刃。

副后刀面：切削时与已加工表面相对的刀面。

副切削刃：前面和副后面交线构成的切削刃。

刀尖：主切削刃与副切削刃连接处的交点或连接部位。

刃口：垂直于切削刃的法向剖面内所表示的两刀面间的交线，如图 0-43 所示。

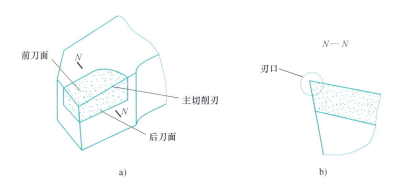

图 0-43　车刀刃口

（三）车刀的几何参数

为便于表达车刀的几何形状及其几何参数，引入三个用于参考的辅助基准平面：基面、切削平面、正交平面，如图 0-44 所示。

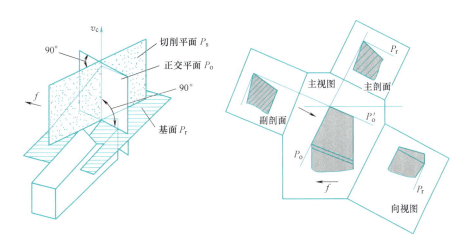

图 0-44　车刀辅助基准平面

1. 基面 P_r

过切削刃某选定点，且垂直于切削速度的平面。

2. 切削平面 P_s

过切削刃某选定点，相切于切削刃，并垂直于基面的平面。

3. 正交平面 P_o

过切削刃某选定点，并同时垂直于切削平面和基面的平面。

4. 车刀的主要几何参数

车刀起主要作用的几何参数包括前角（γ_o）、后角（α_o）、副后角（α_o'）、主偏角（κ_r）、副偏角（κ_r'）、刃倾角（λ_s）。

（1）前角（γ_o）　前角（γ_o）是正交平面内，前刀面和基面的夹角。

前角的大小影响切削刃的锋利程度、切削刃的强度、工件的切削变形、切削力、切屑和前刀面之间的摩擦、散热条件、工件的表面质量和刀具的受力性质等。增大前角可以使切削刃更锋利、切削变形小、切削力小、切屑与前刀面摩擦降低、切削热降低，使切削更加顺利。但前角过大会降低刀尖的强度，散热条件变差，容易发生崩刃。

（2）后角（α_o）　后角（α_o）是正交平面内，后刀面和切削平面的夹角。

在保证刀具有足够的散热能力和强度的基础上，为保证刀具锋利和减小与工件的摩擦，一般不宜过大，否则会加速刀具磨损，降低刀具强度而崩刃。

（3）主偏角（κ_r）　主偏角（κ_r）是切削刃与进给方向的夹角。

如图 0-45 所示，主偏角的大小影响刀尖强度、散热条件、切削分力大小、断屑性能。当工件材料越硬或切削量越大时，主偏角应越小，以减小切削刃单位长度上的平均负载，改善刀头散热条件，延长刀具寿命。粗加工时主偏角一般较小，精加工时主偏角应较大。

（4）副偏角（κ_r'）　副偏角（κ_r'）是副切削刃与进给负方向的夹角，如图 0-46 所示。副偏角的大小影响副切削刃与工件之间的摩擦、工件的表面质量、刀尖的强度、散热情况。

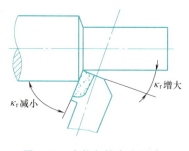

图 0-45　主偏角的大小影响

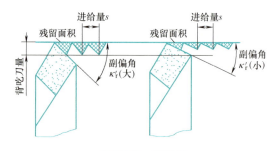

图 0-46　副偏角

（5）刃倾角（λ_s）　刃倾角（λ_s）是切削刃与切削方向的夹角。刃倾角的作用是改变切屑流动方向，改善刀尖强度。

（四）车刀的材料

1. 高速钢

高速钢简称 HSS、白钢、锋钢等，常见牌号有 W18Cr4V、W6Mo5Cr4V2 等。

（1）W18Cr4V　W18Cr4V 含钨（W）18%（质量分数，后同）、铬（Cr）4%、钒（V）1%。由于钨价较高，在发达国家已逐步淘汰。W18Cr4V 具有良好的综合性能，可以用来制造各种复杂刀具。

W18Cr4V 的优点是淬火时过热倾向小，磨削加工性好，碳化物含量高，塑性变形抗力大；缺点是碳化物分布不均匀，影响薄刃刀具及小截面刀具的寿命，强度和韧性较差，热塑性差。

（2）W6Mo5Cr4V2　W6Mo5Cr4V2 是将 W18Cr4V 中的一部分钨以钼代替而得到的，价格便宜，已被各个国家广泛应用，约占我国高速钢用量的 70%。W6Mo5Cr4V2 具有良好的机械性能，热塑性特别好，可制做尺寸较小、承受冲击力较大的刀具，特别适用于制造热轧钻头等。

W6Mo5Cr4V2 的优点是碳化物细小、分布均匀、比重小，具有较高的硬度、热硬性、强度和优良的韧性；其缺点是过热和脱碳敏感性较大，磨削加工性稍次于 W18Cr4V。

2. 硬质合金

硬质合金是一种主要由硬质相和黏结相组成的粉末冶金产品。硬质相很硬，主要是各种碳化物，如碳化钨（WC）、碳化钛（TiC）、碳化钽（TaC）、碳化铌（NbC）；黏结相则多为钴（Co）、钼（Mo）等。硬质合金含有大量熔点高、硬度高、化学稳定性好、热稳定性好的金属碳化物，其硬度、耐磨性和耐热性都很高。

硬质合金中碳化物含量较高时，硬度高，但抗弯强度低；黏结剂含量较高时，抗弯强度高，但硬度低。硬质合金的抗弯强度较高速钢低，冲击韧性差，切削时不能承受大的振动和冲击负荷。

常用的硬质合金以 WC 为主要成分，根据是否加入其他碳化物而分为 YG、YT、YW 三类。

（1）YG 类硬质合金　YG 类硬质合金对应于 ISO 标准的 K 类（红色），即钨钴类（WC-Co）硬质合金，其硬化相为 WC，黏结相为 Co。

YG 类硬质合金常用牌号有 YG6、YG8、YG3X、YG6X，钴的质量分数分别为 6%、8%、3%、6%。含钴量越多，韧性越好，越耐冲击和振动，但会降低硬度和耐磨性。

YG 类硬质合金组织结构有粗晶粒、中晶粒、细晶粒之分。YG 类硬质合金的韧性、磨削性、导热性较好，适于加工易产生崩碎切屑、有冲击切削力作用在刀具刃口附近的脆性材料等。

（2）YT 类硬质合金　YT 类硬质合金对应于 ISO 标准的 P 类（蓝色），即钨钛钴类（WC-TiC-Co）硬质合金，其硬质相除 WC 外，还含有 5%～30%（质量分数）的 TiC。

YT 类硬质合金的常用牌号有 YT5、YT14、YT15、YT30，对应的 TiC 含量（质量分数）分别为 5%、14%、15%、30%，对应的钴含量（质量分数）分别为 10%、8%、6%、4%，TiC 含量提高，Co 含量降低，硬度和耐磨性提高，但是冲击韧性显著降低。

YT 类硬质合金有较高的硬度和耐磨性，抗黏结扩散能力和抗氧化能力好，但抗弯强度、磨削性能和导热系数下降，低温脆性大，韧性差，适于高速切削钢料。YT 中的钛元素之间的亲合力会产生严重的黏刀现象，在高温切削及摩擦因数大的情况下会加剧刀具磨损。

（3）YW 类硬质合金　YW 类硬质合金对应于 ISO 标准的 M 类（黄色），即钨钛钽（铌）钴类（WC-TiC-TaC（NbC）-Co）硬质合金，硬质相除 WC、TiC 外，还加入少量的稀有金属碳化物 TaC 或 NbC。YW 类硬质合金综合了前两类硬质合金的优点，又称通用硬质合金。

用 YW 类硬质合金制造的刀具既能加工脆性材料（如铸铁），也能加工韧性材料（如钢）。YW 类硬质合金价格较贵，主要用于加工难加工材料，如高强度钢、耐热钢、不锈钢等。常用的牌号有 YW1 和 YW2。

3. 陶瓷

陶瓷材料以离子键和共价键结合，熔点高、硬度高，具有良好的绝缘性、化学稳定性和抗氧化性。与硬质合金比，陶瓷材料具有更高的硬度、热硬性和耐磨性，寿命为硬质合金的 10～20 倍，热硬性比硬质合金高 2～6 倍，在高温 1200℃以上仍能进行切削加工，且化学稳定性、抗氧化性均优于硬质合金，可用于加工钢、铸铁。

陶瓷材料作为连续切削用的车削刀具材料，有很好的发展前途。陶瓷材料的缺点是脆性大、横向断裂强度低、承受冲击载荷能力差、易崩刃，使其使用范围受到限制。

4. 立方氮化硼

立方氮化硼由软的六方氮化硼在高温高压下加入催化剂转变而成。

立方氮化硼有很高的硬度（可达 8000~9000HV，仅次于金刚石）及耐磨性，以及比金刚石高得多的热稳定性（1400℃），还具有良好的导热性、较低的摩擦因数。立方氮化硼化学惰性强，与黑色金属无亲合力，与铁族金属直至 1300℃时也不易起化学反应。

目前，立方氮化硼不仅用于磨具，也逐渐用于车、镗、铣、铰等加工，既能胜任淬硬钢（45~65HRC）、轴承钢（60~64HRC）、高速钢（63~66HRC）、冷硬铸铁的粗车和精车，又能胜任高温合金、热喷涂材料、硬质合金及其他难加工材料的高速切削加工。

5. 金刚石

金刚石是目前人工能够制造出的最硬的物质，硬度高达 10000HV，耐磨性好，可用于加工硬质合金、陶瓷、高硅铝合金及耐磨塑料等高硬度、高耐磨的材料，刀具寿命比硬质合金可提高几倍到几百倍。

金刚石刀具的切削刃锋利，能切下极薄的切屑，加工冷硬现象较少，有较低的摩擦因数，其切屑与刀具不易产生黏结，不产生积屑瘤，非常适合精密加工。

金刚石的缺点为热稳定性差，切削温度不宜超过 700~800℃；强度低、脆性大、对振动敏感，只宜微量切削；金刚石与铁有极强的化学亲合力，不适于加工黑色金属，只能用于加工有色金属和非金属材料。

6. 涂层材料

涂层硬质合金刀片是在韧性较好的刀具表面涂上一层耐磨损、耐熔着、耐反应的物质，使刀具在切削过程中具有既硬而又不易磨损的性能。常见涂层材料有 TiC、TiN、TiCN、Al_2O_3 等陶瓷材料。

物理涂层（PVD）：在 550℃以下将金属和气体离子化后喷涂在刀具表面。

化学涂层（CVD）：各种化合物通过化学反应沉积在刀具上形成表面膜，反应温度一般都在 100~1100℃。

（五）可转位车刀

为了提高车削刀具的使用效率和加工精度以及减少辅助时间，数控加工广泛使用机夹式可转位车刀，其结构如图 0-47 所示。机夹式可转位车刀使用夹紧元件将刀片固定在刀杆上。当一个切削刃磨损后，松开夹紧机构，将刀片转位到另一切削刃后再夹紧，即可进行切削。当所有切削刃磨损后，则可取下并用新的同类刀片替换。

可转位车刀夹紧刀片的形式如图 0-48 所示。

目前市场上通用的可转位刀片型号由字母和数字组成，每一部分都代表了不同含义，如图 0-49 所示。

1）字母 C 为刀片形状的代号。图 0-50 右侧表格中列举了常见的刀片形状代号。

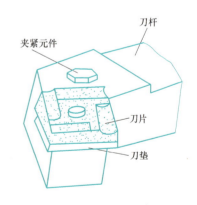

图 0-47 可转位车刀的结构

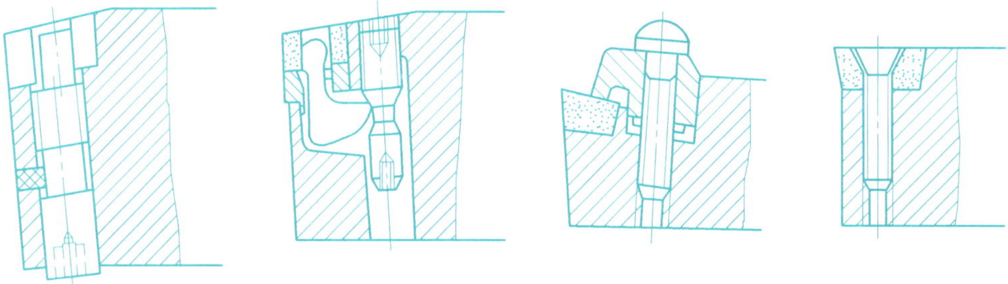

图 0-48　可转位车刀夹紧刀片的形式

a）偏心夹紧　b）杠杆夹紧　c）上压式夹紧　d）螺钉夹紧

刀片形状	精度	刀片内切圆直径	刀尖圆弧半径	负倒棱宽度	刀片结构形式

$$C\ N\ G\ A\ 12\ 04\ 08\ S\ 010\ 20\ -ZH$$

后角　　　孔/断屑槽　　　刀片厚度　　刃口处理方式　　负倒棱角度

图 0-49　可转位刀片型号

CNGA120408S01020-ZH

标记	刀片形状		角度
C			80°
D			55°
E		菱形	75°
F			50°
V			35°
R		圆形	---
S		正方形	90°
T		三角形	60°
W		六角形	80°
A			85°
B		平行四边形	82°
K			55°
H		六边形	120°
O		八边形	135°
P		五边形	108°
L		长方形	90°
M		菱形	86°

图 0-50　常见的刀片形状代号

2）字母 N 代表刀片的后角，图 0-51 右侧表格中列举了常见的后角代号。

3）字母 G 代表刀片的精度，图 0-52 右侧表格中列举了常见的精度代号。

4）字母 A 代表刀片的孔和断屑槽，图 0-53 右侧表格中列举了常见的代号。

CNGA120408S01020-ZH

标记	后角
A	3°
B	5°
C	7°
D	15°
E	20°
F	25°
G	30°
N	0°
P	11°

图 0-51 常见的刀片后角代号

CNGA120408S01020-ZH

标记	M值/mm	内切圆/mm	厚度/mm
A	±0.005	±0.025	±0.025
F	±0.005	±0.013	±0.025
C	±0.013	±0.025	±0.025
H	±0.013	±0.013	±0.025
E	±0.025	±0.025	±0.025
G	±0.025	±0.025	±0.13
J	±0.005	±0.05～±0.13	±0.025
K*	±0.013	±0.05～±0.13	±0.025
L*	±0.025	±0.05～±0.13	±0.025
M*	±0.08～±0.18	±0.05～±0.13	±0.13
N*	±0.08～±0.18	±0.05～±0.13	±0.025
U*	±0.13～±0.38	±0.08～±0.25	±0.13

刀片表面原则上都是直接烧结成型的，未经研磨。
公差据刀片尺寸不同而不同

图 0-52 常见的刀片的精度代号

5) 数字 12 代表刀片的内切圆直径，图 0-54 右侧表格中列举了常见的代号。

6) 数字 04 代表刀片的厚度，图 0-55 右侧表格中列举了常见的代号。

7) 数字 08 代表刀片圆弧半径，图 0-56 右侧表格中列举了常见的代号。

8) 字母 S 代表刀片刃口处理方式，图 0-57 右侧表格中列举了常见的代号。

9) 数字 010 代表刀片负倒棱宽度，图 0-58 右侧表格中列举了常见的代号。

10) 数字 20 代表刀片负倒棱角度，图 0-59 右侧表格中列举了常见的代号。

11) 字母 ZH 代表刀片结构形式，图 0-60 右侧表格中列举了常见的代号。

CNGA120408S01020-ZH

孔、断屑槽				
标记	孔	孔的形状	断屑槽	图示
N	无孔	–	无	
R			单面	
F			双面	
A	有孔	有孔	无	
M			单面	
G			双面	
W		单埋头孔(40°～60°)	无	
T			单面	
Q		单埋头孔(40°～60°)	无	
U			双面	
B		单埋头孔(70°～90°)	无	
H			单面	
C		单埋头孔(70°～90°)	无	
J			双面	
X	–	–	–	特殊

图 0-53 常见的刀片的孔和断屑槽代号

CNGA120408S01020-ZH

内切圆直径/mm							
3.79	06	03	03	04			
4.76	08	04	04	05			
5.0						05	
5.56	09	05	05	06			03
6.0						06	
6.35	11	06	06	07		06	04
7.94	13	07	08	09			05
8.0						08	
9.525	16	09	09	11	16	09	06
10.0						10	
12.0						12	
12.7	22	12	12	15	22	12	08
15.875	27	15	16	19		15	10
16.0						16	
19.05	33	19	19	23		19	13
20.0						20	
22.225	38	22	22	27			

图 0-54 常见的刀片的内切圆直径代号

CNGA120408S01020-ZH

04

标记	厚度/mm
01	1.59
02	2.38
T2	2.78
03	3.18
T3	3.97
04	4.76
05	5.56
06	6.35
07	7.94
08	8.0
09	9.52
10	10.0

图 0-55　常见的刀片的厚度代号

CNGA120408S01020-ZH

08

标记	刀尖圆弧半径/mm
DD	锋刃型
0.03	003
0.1	01
0.2	02
0.4	04
0.8	08
1.2	12
1.6	16
2.0	20
2.4	24
2.8	28
3.2	32
圆形	DD(英制) MD(公制)

图 0-56　常见的刀片圆弧半径代号

CNGA120408S01020-ZH

S

标记	刃口形式	图示
F	锋刃	
E	钝化	
T	负倒棱	
K	双负倒棱	
S	负倒棱+钝化	

图 0-57　常见的刀片刃口处理方式代号

CNGA120408S01020-ZH

010

负倒棱宽度/mm

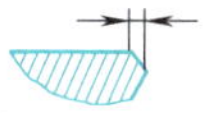

标记	尺寸
010	0.10
015	0.15
020	0.20
025	0.25
030	0.30
035	0.35
045	0.45
050	0.50
100	1.00
150	1.50
200	2.00

图 0-58　常见的刀片负倒棱宽度代号

CNGA120408S01020-ZH

20

负倒棱角度(°)

标记	尺寸
10	10°
15	15°
20	20°
25	25°
30	30°

图 0-59　常见的刀片负倒棱角度代号

CNGA120408S01020-ZH

ZH

刀片结构形式	
标记	结构
无	整体烧结式
ZH	整体焊接式
H	复合焊接式
HD	单头复合焊接式
SV	带断屑槽式
E	双面复合式
F	单面复合式

图 0-60　常见的刀片结构形式代号

（六）切削用量

切削用量是衡量切削运动大小的参数，它包括背吃刀量、进给量和切削速度。合理选用切削用量能有效地提高生产率。

1. 背吃刀量

在通过切削刃基点并垂直于工作平面的方向上测量的吃刀量称为背吃刀量，即每次进给车刀切入工件的深度。它的计算公式为

$$a_{\mathrm{p}} = \frac{d_{\mathrm{w}} - d_{\mathrm{m}}}{2} \tag{0-1}$$

式中　d_{w}——工件待加工表面的直径（mm）；

　　　d_{m}——工件已加工表面的直径（mm）。

[例 0-1]　已知毛坯直径为 80mm，要一次进给车削到 72mm，试求背吃刀量。

解：$a_{\mathrm{p}} = \dfrac{d_{\mathrm{w}} - d_{\mathrm{m}}}{2} = \dfrac{80 - 72}{2}\mathrm{mm} = 4\mathrm{mm}$

2. 进给量

刀具在进给运动方向上相对工件的位移量，即工件每转一转，车刀沿进给方向移动的距离称为进给量，它是表示进给运动大小的参数。进给量又分纵向进给量和横向进给量：沿车床床身导轨方向的进给量是纵向进给量；垂直于车床床身导轨方向的进给量是横向进给量。

3. 切削速度

切削刃选定点相对于工件的主运动的瞬时速度称为切削速度。它可以理解为车刀在一分钟内车削工件表面的展开直线理论长度。它是表示主运动速度大小的参数，其计算公式为

$$v_{\mathrm{c}} = \frac{\pi d_{\mathrm{w}} n}{1000} \tag{0-2}$$

$$v_{\mathrm{c}} \approx \frac{d_{\mathrm{w}} n}{318} \tag{0-3}$$

式中　d_{w}——工件待加工表面的直径（mm）；

　　　n——车床主轴转速（r/min）。

[例 0-2]　采用涂层硬质合金车刀，车削 $d_{\mathrm{w}} = 80\mathrm{mm}$ 的工件，已知车床主轴转速 $n = 900\mathrm{r/min}$，试求切削速度。

解：
$$v_{\mathrm{c}} = \frac{\pi d_{\mathrm{w}} n}{1000} = \frac{3.14 \times 80 \times 900}{1000}\mathrm{m/min} = 226.08\mathrm{m/min}$$

在实际生产中，一般是已知工件直径，并根据工件和刀具材料因素选定了切削速度。要求出车床主轴的转速，这时可把式（0-2）变换为

$$n = \frac{1000 v_{\mathrm{c}}}{\pi d_{\mathrm{w}}}\mathrm{r/min} \tag{0-4}$$

或

$$n \approx \frac{318 v_{\mathrm{c}}}{d_{\mathrm{w}}}\mathrm{r/min}$$

[例 0-3]　　采用 YG8 硬质合金车刀，车削 $d_w = 400mm$ 的铸铁带轮，选定切削速度 $v_c = 80m/min$，试求车床主轴转速。

解：

$$n \approx \frac{1000v_c}{\pi d_w} = \frac{1000 \times 80}{3.14 \times 400} r/min \approx 64r/min$$

计算出来的主轴转速，如与车床转速铭牌上所列的转速有所出入，应选取铭牌上与计算值相近似的转速。

（七）切削用量的选择

1. 切削用量的选用原则

切削用量的大小对切削力、切削功率、刀具磨损、加工质量和加工成本均有显著影响。数控加工中选择切削用量时，是在保证加工质量、延长刀具寿命的前提下，充分发挥机床性能和刀具可加工性能，使切削效率最高，加工成本最低。

根据加工性质、加工要求、工件材料，以及刀具材料和尺寸查找切削用量手册并结合实践经验确定，同时考虑以下因素：

生产率、机床特性（机床功率）、刀具差异（刀具寿命）、加工表面质量。

1）粗加工时切削用量的选择原则。首先选取尽可能大的背吃刀量，其次要根据机床动力和刚性的限制条件等，选取尽可能大的进给量，最后根据刀具寿命确定最佳切削速度。

2）精加工时切削用量的选择原则。首先根据粗加工后的余量确定背吃刀量，其次根据已加工表面质量要求，选取较小的进给量，最后在保证刀具寿命的前提下，尽可能选取较高的切削速度。

2. 切削用量的选择方法

1）背吃刀量 a_p 的选择。

粗加工（表面粗糙度值为 $Ra10 \sim 80\mu m$）时，一次进给应尽可能切除全部余量。在中等功率机床上，背吃刀量可达 $8 \sim 10mm$。

半精加工（表面粗糙度值为 $Ra1.25 \sim 10\mu m$）时，背吃刀量取 $0.5 \sim 2mm$。

精加工（表面粗糙度值为 $Ra0.32 \sim 1.25\mu m$）时，背吃刀量取 $0.2 \sim 0.4mm$。

2）进给量 f 和进给速度 v_f 的选择。

根据零件表面质量要求、加工精度要求、刀具及工件材料等因素，参考切削用量手册选取进给量和进给速度。

在实际编程与加工操作时，需要根据公式 $v_f = n_f$ 转换成进给速度。

3）切削速度 v_c 的选择。

根据已经选定的背吃刀量、进给量及刀具寿命选择切削速度。可用经验公式计算，也可根据生产实践经验在机床说明书允许的切削速度范围内查表选取或者参考有关切削用量手册选取。

在选择切削速度时，还应考虑以下几点：

① 应尽量避开积屑瘤产生的区域。

② 断续切削时，为减小冲击和热应力，要适当降低切削速度。

③ 在易发生振动的情况下，切削速度应避开自激振动的临界速度。

④ 加工大件、细长件和薄壁工件时，应选用较低的切削速度。

⑤ 加工带外皮的工件时，应适当降低切削速度。

（八）切削液

1. 切削液的作用

1）切削液能带走切削区大量的热量，改善切削条件，起到冷却工件和刀具的作用，可延长刀具寿命，提高加工精度和劳动生产率。

2）减少刀具、工件、切屑之间的摩擦，减少刀具磨损，使排屑顺畅，提高工件表面质量。

3）具有清洁作用。

4）保护工件、刀具、车床免受腐蚀，起到防锈作用。

2. 切削液的分类

一般将切削液分为以下三类。

1）水溶液，它的主要成分是水，它的冷却性能好，若配成液则呈透明状，便于操作者观察。

2）乳化液，它是将乳化油用15~20倍的水稀释而成。乳化油是由矿物油、乳化剂及添加剂配成，用95%~98%水稀释后即成为乳白色或半透明状的乳化液。

特点：比热容大，黏度小，流动性好。

作用：它具有良好的冷却作用，因为含水量大，所以润滑、防锈性能均较差。

3）切削油，其主要成分是矿物油，少数采用动物油、植物油或复合油。纯矿物油不能在摩擦界面上形成坚固的润滑膜，润滑效果一般。

特点：比热容较小，黏度大，流动性差。

作用：它主要起润滑作用。

3. 切削液的添加剂

常用切削液有以下添加剂。

1）油性添加剂和极压添加剂。

2）防锈添加剂。

3）防霉添加剂。

4）抗泡沫添加剂。

5）乳化剂。

4. 切削液的选择和使用

1）根据加工性质选择切削液。

① 粗加工：采用乳化液。

② 精加工：采用极压切削油或高浓度的极压乳化液。

③ 孔加工：采用黏度小的极压乳化液和极压切削油。

2）根据工件材料选择切削液

① 钢件粗加工：采用乳化液；精加工：采用极压切削油。

② 脆性金属（铸铁、铝）：粗加工时不加切削液，精加工时可用黏度小的煤油或7%~10%的乳化液。

③ 有色金属：采用煤油和黏度小的切削油，不能用含硫的切削液。

镁合金：不使用切削液，采用压缩空气。

3）根据刀具材料选择切削液。

采用高速钢刀具粗加工时，应选用以冷却作用为主的切削液，主要目的是降低切削温度；采用硬质合金刀具粗加工时可以不用切削液，必要时也可以用低浓度的乳化液或水溶液，但必须连续、充分地浇注。采用高速钢刀具精加工（包括铰削、拉削、螺纹加工、剃齿等）时，应选用润滑性能好的极压切削油或高浓度的极压乳化液。采用硬质合金刀具精加工时，选用的切削液与粗加工时基本相同，但应适当注意提高其润滑性能。

切削高强度钢和高温合金等难加工材料，对切削液的冷却、润滑作用都有较高的要求，此时应尽可能采用极压切削油或极压乳化液。

加工铜、铝及其合金不能用含硫的切削液。

模块一 基础训练

项目一 数控车编程基础

知识目标
1. 掌握数控车基本编程指令。
2. 掌握数控车编程的常用功能指令。

技能目标
学会简单的手工编程方法。

素养目标
培养学生的规则和安全意识，懂得尊重生命。

一、基本概念

1）数字控制（Computer Numberical Control，CNC）是采用数字化信息实现加工自动化的控制技术。

2）数控机床是用数字化信号对机床的运动及其加工过程进行控制的机床。

二、机床坐标系

1. 机床坐标轴及运动方向的确定（图 1-1）

确定机床坐标轴的顺序是先 Z 轴（动力轴），再 X 轴，最后 Y 轴。

Z 轴——机床主轴。

X 轴——装夹平面内的水平方向。

Y 轴——在确定了 X 轴、Z 轴及其正方向后，按右手直角笛卡儿坐标系确定 Y 轴及 Y 轴的正方向。

2. 机床原点及参考点（图 1-2）

机床坐标系的原点又称机床原点，它

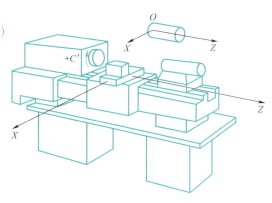

图 1-1 数控车床的机床坐标系

是机床上设置的一个固定点。

机床参考点可以与机床原点重合，也可以不重合（车床中一般不重合），通常位于车床溜板箱正向移动的极限位置。

三、工件坐标系

1. 工件坐标系

工件坐标系是加工工件所使用的坐标系，也是编程时使用的坐标系，所以又称编程坐标系。数控编程时，应该首先确定工件坐标系和工件原点。通常把零件的基准点作为工件原点，如图 1-3 所示。

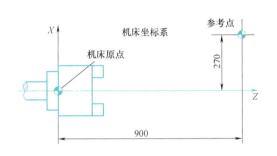

图 1-2　机床原点及参考点

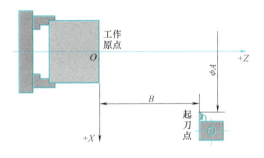

图 1-3　工件坐标系

2. 工件原点

工件原点（也称编程原点）是由编程人员在编程时根据零件图样及加工工艺要求选定的编程坐标系的原点，如图 1-4 所示。

3. 编程坐标

（1）绝对值编程　采用绝对值编程时，每个编程坐标轴上的编程值是相对于程序原点而言的。

（2）相对值编程　采用相对值编程时，每个编程坐标轴上的编程值是相对于前一位置而言的，该值等于沿轴移动的距离。

四、数控加工程序及其编制过程

1. 数控程序编制的内容及步骤（图 1-5）

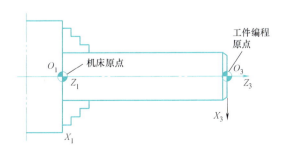

图 1-4　工件原点

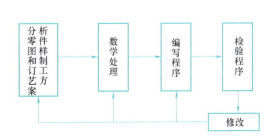

图 1-5　数控程序编制的内容及步骤

2. 数控程序编制的方法

（1）手工编程　手工编程的步骤如图 1-6 所示。

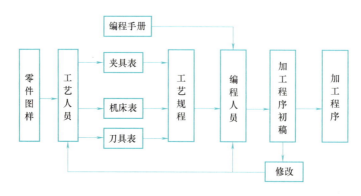

图 1-6　手工编程的步骤

（2）自动编程　自动编程是指在编程过程中，除了分析零件图样和制订工艺方案由人工进行外，其余工作均由计算机辅助完成的编程过程。

采用计算机自动编程时，数学处理、编写程序、检验程序等工作是由计算机自动完成的。

根据输入方式的不同，可将自动编程分为图形数控自动编程、语言数控自动编程和语音数控自动编程等。

五、基本指令介绍

（一）准备功能

准备功能 G 又称"G 功能"或"G 指令"，是由地址字和后面的两位数字来表示的，它用来规定刀具和工件的相对运动轨迹、机床坐标系、坐标平面、刀具补偿、坐标偏置等多种加工操作。

1. 快速点定位指令 G00

该指令命令刀具以快速进给速度从刀具所在点移动到下一个目标位置。在机床上，G00的具体速度一般是用参数来设定的，因此不能用地址来指定进给速度。G00 为模态指令（即一经指定，便一直有效，直到出现同组另一指令，或被其他指令取消时才失效）。

程序格式：

G00 X（U）__ Z（W）__ ;

其中：

X、Z——刀具终点的绝对坐标值；

U、W——刀具终点相对于刀具当前点的位移量。

2. 直线插补指令 G01

该指令命令刀具按指定的进给速度直线运动到目标位置。可使机床沿 X、Z 方向执行单独运动，或在坐标平面内执行具有任意斜率的直线运动。G01 为模态指令。

程序格式：

G01 X（U）__ Z（W）__ F __ ;

其中：

X、Z——指定直线终点的绝对坐标值；

U、W——指定直线终点相对于刀具当前点的位移量；

　　F——指定刀具的进给速度。

3. 圆弧插补指令 G02/G03

圆弧插补指令是命令刀具在指定平面内按给定的进给速度 F 做圆弧运动，切削出圆弧轮廓。G02/G03 为模态指令。

在车床上加工圆弧时，不仅需要用 G02 或 G03 指定圆弧的顺逆方向，用 X（U）、Z（W）指定圆弧的终点坐标，而且还要指定圆弧的中心位置。一般常用指定圆心位置的方法有以下两种：

1）用 I、K 指定圆心位置，其格式为：

G02/G03 X（U）__ Z（W）__ I__ K__ F__；

2）用圆弧半径及指定圆弧终点坐标位置，其格式为：

G02/G03 X（U）__ Z（W）__ R__ F__；

4. 单一形状固定循环（外圆/内径切削固定循环 G90）

该循环主要用于圆柱面和圆锥面的循环车削。

圆柱面固定循环程序格式：

G90 X（U）__ Z（W）__ F__；

锥面切削循环程序格式：

G90 X（U）__ Z（W）__ R__ F__；

5. 外径粗车循环指令 G71

该循环适用于圆柱毛坯粗车外径和圆筒毛坯粗镗内径。程序格式：

G0 X（α）Z（β）；

G71 U（Δd）R（Δe）；

G71 P（ns）Q（nf）U（Δu）W（Δw）F（f）S（s）T（t）；

程序段中各地址的含义为：

α、β——粗车循环起刀点位置坐标。由 α 值确定切削的起始直径。α 值在圆柱毛坯粗车外径时，应比毛坯直径大 1~2mm；β 值应保证距离毛坯右端面 2~3mm。在圆筒毛坯粗镗内径时，α 值应比筒料内径小 1~2mm，β 值应保证距离毛坯右端面 2~3mm。

Δd——循环切削过程中径向的背吃刀量（mm），半径值。

Δe——循环切削过程中径向的退刀量（mm），半径值。

ns——轮廓循环开始程序段的段号。

nf——轮廓循环结束程序段的段号。

Δu——X 方向的精加工余量（mm），直径值。

Δw——Z 方向的精加工余量（mm）。

f、s、t——F、S、T 指令所赋的值。

6. 端面循环 G72

程序格式：

G72 W（Δd）R（e）；

G72 P(ns) Q(nf) U(Δu) W(Δw) F(f) S(s) T(t)；

其中：

P(ns)——循环起点程序段；

    P——从序号 ns 至 nf 的程序段，指定 A 点至 B 间的移动指令；

    S——主轴转速；

    T——刀补和刀号；

Q(nf)——循环终点程序段；

    Δd——切削深度（Z 方向）；

    e——退刀行程（Z 方向）；

    ns——精加工形状程序的第一个段号；

    nf——精加工形状程序的最后一个段号；

    Δu——X 方向精加工预留量的距离（直径/半径）及方向；

    Δw——Z 方向精加工预留量的距离及方向。

7. 封闭轮廓复合循环 G73

程序格式：

G73 U(Δi) W(Δk) R(Δd)；

G73 P(ns) Q(nf) U（Δu) W(Δw) F__ S__ T__；

其中：

Δi——X 方向退出距离和方向（半径值）；

Δk——Z 方向退出距离和方向；

Δd——粗车循环次数；

ns——精加工路线中第一个程序段的顺序号；

nf——精加工路线中最后一个程序段的顺序号；

Δu——X 方向精加工余量（直径值）；

Δw——Z 方向精加工余量。

当用 G73 指令粗车工件后，用 G70 指令来指定精车循环，切除粗加工中留下的余量。

8. 精加工循环指令 G70

程序格式：

G70 P(ns) Q(nf)；

其中：

ns——精加工形状程序的第一个段号；

nf——精加工形状程序的最后一个段号。

由 G71、G72、G73 指令粗加工后，可以用 G70 指令进行精加工。

程序格式：

G70 P(ns) Q(nf)；

其中：

ns 和 nf 与前述含义相同。

9. 单行程螺纹切削指令 G32

程序格式：

G32 X（U） ＿ Z（W） ＿ F＿；

其中：

X、Z——螺纹终点坐标值；

U、W——螺纹终点相对起点的增量值；

F——螺纹导程。

10. 螺纹切削单一循环指令 G92

程序格式：

G92 X（U） ＿ Z（W） ＿ R ＿ F＿；

其中：

X、Z——绝对编程时螺纹终点坐标值；

U、W——相对编程时，螺纹终点相对起点的增量值；

R——加工圆锥螺纹时，螺纹起点与终点的半径差；加工圆柱螺纹时，R 值为 0，可省略；

F——螺纹导程。

11. 螺纹切削复合循环指令 G76

程序格式：

G0 X（α_1） Z（β_1）；

G76 P（$m\gamma\theta$） Q（$\Delta d_{\min}$） R（Δc）；

G76 X（α_2） Z（β_2） R（I） P（h） Q（Δd） F（l）；

程序段中各地址的含义为：

α_1、β_1——螺纹切削循环起始点坐标。X 方向上，在切削外螺纹时，应比螺纹大径大 1～2mm；在切削内螺纹时，应比螺纹小径小 1～2mm。在 Z 方向上必须考虑空刀导入量。

m——精加工重复次数，可以重复 1～99 次。

γ——螺纹尾部倒角量（斜向退刀）（mm），00～99 个单位，取 01 则退 0.11× 导程。

θ——螺纹刀尖的角度（螺纹牙型角），可选择 80°、60°、55°、30°、29°、0°六个种类。

$\Delta d_{\min}$——切削时的最小背吃刀量（mm），半径值。

Δc——精加工余量（mm），半径值。

α_2——螺纹底径值（外螺纹为小径值，内螺纹为大径值）（mm），直径值。

β_2——螺纹的 Z 向终点位置坐标，必须考虑空刀导出量。

I——螺纹部分的半径差，与 G92 指令中的 I 相同。I 为 0 时，为直螺纹切削。

h——螺纹的牙深（mm），按 $h = 0.65P$ 进行计算，半径值。

Δd——第一次切深（mm），半径值。

l——螺纹导程（mm）。

12. 其他常用准备功能指令（表1-1）

表1-1 其他常用准备功能指令

G指令	组别	功能	程序格及说明
G00	01	快速点定位	G00 X__ Z__;
G01		直线插补	G01 X__ Z__ F__;
G02		顺时针方向圆弧插补	G02 X__ Z__ R__ F__;
G03		逆时针方向圆弧插补	G03 X__ Z__ R__ F__;
G04	00	暂停	G04 X2;或 G04 U2;或 G04 P2000;
G20	06	英寸输入	G20;
G21		毫米输入	G21;
G32	01	螺纹切削	G32 X__ Z__ F__;
G34		变距螺纹切削	G34 X__ Z__ F__ K__;
G40	07	刀尖圆弧半径补偿取消	G40;
G41		刀尖圆弧半径左补偿	G41 G01 X__ Z__;
G42		刀尖圆弧半径右补偿	G42 G01 X__ Z__;
G70	00	精加工循环	G70 P(ns) Q(nf)
G71		粗车内外径循环	G71 U__ R__; G71 P__ Q__ U__ W__ F(f)S__ T__;
G72		粗车端面循环	G72W__ R__; G72P__ Q__ U__ W__ F__ S__ T__;
G73		封闭轮廓复合循环	G73U__ W__ R__; G73P__ Q__ U__ W__ F__ S__ T__;
G74		端面切槽循环	G74 R__; G74 X(U)Z(W)P__ Q__ R__ F__;
G75		外圆切槽循环	G75 R__; G75 X(U)Z(W)P__ Q__ R__ F__;
G76		螺纹切削复合循环	G76 Pmra Q__ R__; G76 X(U)Z(W)R__ P__ Q__ F__;
G90	01	单一外圆循环	G90 X__ Z__ R__ F__;
G92		螺纹切削单一循环	G92 X__ Z__ R__ F__;
G96	02	恒线速度	G96 S200;
G97		每分钟转数	G97 S800;
G98	05	每分钟进给	G98 F100;
G99		每转进给	G99 F0.1;

　　表1-1中的 G 功能以组别可区分为两类：属于"00"组别者，为非模态指令；属于"非00"组别者，为模态指令。

　　编写程序时，与上段相同的模态指令可省略不写。不同组模态指令编在同一程序段内，不影响其续效。非模态指令又称非续效指令，其功能仅在出现的程序段中有效。

（二）辅助功能

　　辅助功能也称 M 功能，它是用于控制零件程序的走向，以及指令机床辅助动作及状态的功能。M 指令有模态与非模态之分，常用 M 指令的功能及应用如下：

1. 程序停止

指令：M00。

功能：执行包含 M00 指令的程序段后，机床停止自动运行，此时所有存在的模态信息保持不变，用循环启动使自动运行重新开始。

2. 选择停止

指令：M01。

功能：与 M00 指令类似，执行包含 M01 指令的程序段后，机床停止自动运行，只是当机床操作面板上的选择停开关压下时，这个指令才有效。

3. 主轴正转、反转、停止

指令：M03、M04、M05。

功能：M03、M04 指令可使主轴正、反转，与同段程序其他指令一起开始执行。M05 指令可使主轴在该程序段其他指令执行完成后停止转动。

格式：M03 S ＿；

M04 S ＿；

M05；

4. 切削液开、关

指令：M08、M09。

功能：M08 指令表示开启切削液，M09 指令表示关闭切削液。

5. 子程序调用及返回

指令：M98、M99。

功能：M98 指令用于调用子程序，执行 M99 指令后控制返回到主程序。

6. 程序结束

指令：M02 或 M30。

功能：该指令表示主程序结束，同时机床停止自动运行，CNC 装置复位。M30 指令还可使控制返回到程序的开始位置，故程序结束使用 M30 指令比 M02 指令要方便些。

说明：该指令必须编在最后一个程序段中。

（三）主轴功能

主轴功能 S 用于控制主轴转速，其后的数值表示主轴转速（r/min）。

（四）刀具功能

刀具功能也称 T 功能，T 指令主要用来选择刀具。

T0101 表示选择 1 号刀并调用 1 号刀具补偿值。

T0000 表示取消刀具选择及刀补选择。

（五）进给功能

进给功能也称 F 功能，F 指令表示坐标轴的进给速度，它的单位取决于 G98 或 G99 指令。

G98：每分钟进给量（mm/min）。

G99：每转进给量（mm/r）。

F 指令也是模态指令。

知识目标

1. 掌握数控车安全文明生产知识。
2. 了解和学习企业生产"8S"管理的含义。
3. 掌握数控车维护和保养要点。

技能目标

1. 严格遵守实训室的管理制度和数控车安全操作规程。
2. 学会数控车床进的日常保养方法。

素养目标

培养学生的规则和安全意识，懂得尊重生命。

一、项目引入

　　数控车床是自动化程度高、结构复杂且又昂贵的先进加工设备，数控车床使用寿命的长短和效率的高低，不仅取决于机床的精度和性能，很大程度上也取决于它的正确使用及维护。安全、正确的操作能有效减少机床非正常磨损事件的发生，避免突发事故；精心的维护可使机床保持良好的技术状态，降低数控车床的故障率，提高数控车床的利用率。操作人员必须严格按照数控车床的操作规程进行操作，并按照数控车床维护的内容和要求对机床进行定期维护和保养。

二、数控车床安全操作规程

（一）基本注意事项

1）工作时应穿好工作服、安全鞋。注意：不允许戴手套操作机床。

2）不要移动或损坏安装在机床上的警示标牌。

3）不允许使用压缩空气清洗机床、电气柜及数控单元。

（二）准备工作

1）操作人员必须熟悉机床使用说明书等有关资料，掌握主要技术参数、传动原理、主要结构、润滑部位及维护保养等内容。

2）开机前应对机床进行全面细致的检查，确认无误后方可操作。

3）机床开始工作前要有预热，认真检查润滑系统工作是否正常，如机床长时间未开动，可先采用手动方式向各部分供油润滑。

4）机床通电后，检查各开关、按钮和按键是否正常、灵活，机床有无异常现象。检查电压、油压是否正常，有手动润滑的部位先要进行手动润滑。各坐标轴手动回零（机床参考点）。

5）程序输入后，应仔细核对，其中包括指令、地址、数值、正负号、小数点及程序格式。正确测量和计算工件坐标系，并对所得结果进行检查。

6）输入工件坐标系，并对坐标、坐标值、正负号及小数点进行认真核对。

7）未装工件前，空运行一次程序，看程序能否顺利运行，刀具和夹具安装是否合理，有无超程现象。

8）无论是首次加工的零件，还是重复加工的零件，首件都必须对照图样、工艺规程、加工程序和刀具调整卡进行试切。

9）试切时，快速进给倍率开关必须打到较低档位。

10）每把刀具首次使用时，必须先验证它的实际长度与所给刀补值是否相符。

11）试切进刀时，在刀具运行至离工件表面 30～50mm 处时，必须在进给保持状态下，验证 Z 轴和 X 轴坐标剩余值与加工程序是否一致。

12）试切和加工中，刃磨刀具并更换后，要重新测量刀具位置并修改刀补值和刀补号。

13）程序修改后，对修改部分要仔细核对。

14）手动进给连续操作时，必须检查各种开关所选择的位置是否正确，运动方向是否正确，然后进行操作。

15）必须在确认工件夹紧后才能起动机床，严禁在工件转动时测量、触摸工件。

16）操作中出现工件跳动、打抖、异常声音、夹具松动等异常情况时必须立即停车处理。

17）使用的刀具应与机床允许的规格相符，有严重破损的刀具要及时更换。

18）调整刀具所用的工具不要遗忘在机床内。

19）检查大尺寸轴类零件的中心孔是否合适，中心孔如太小，工作中易发生危险。

20）刀具安装好后应进行一两次试切削。

21）检查卡盘夹紧工作的状态。

22）起动机床前，必须关好机床防护门。

（三）工作中注意事项

1）禁止用手接触刀尖和铁屑，铁屑必须要用铁钩子或毛刷来清理。

2）禁止用手或其他任何方式接触正在旋转的主轴、工件或其他运动部位。

3）禁止在加工过程中测量、变速，更不能用棉丝擦拭工件，也不能清扫机床。

4）车床运转中，操作者不得离开岗位，若发现异常现象应立即停车。

5）经常检查轴承温度，过高时应找有关人员进行检查。

6）在加工过程中，不允许打开机床防护门。

7）严格遵守岗位责任制，机床由专人使用，他人使用须经本人同意。

8）工件伸出长度超过车床 100mm 时，须在伸出位置设防护物。

（四）工作后注意事项

1）清除切屑、擦拭机床，使机床与环境保持清洁状态。

2）注意检查或更换磨损坏了的机床导轨上的油察板。

3）检查润滑油、切削液的状态，根据需要及时添加或更换。

4）依次关掉机床操作面板上的电源和总电源。

三、企业生产 8S 管理的含义

企业生产 8S 管理的含义为：整理（SEIRI）、整顿（SEITON）、清扫（SEISO）、清洁（SETKETSU）、安全（SAFETY）、素养（SHTSUKE）、节约（SAVE）、学习（STUDY）。

（1）整理（SEIRI）　区分常用和不常用的物品，不常用和不要用的物品清除掉。这样做的目的是：

1）改善和增大作业面积。

2）现场无杂物，行道通畅，提高工作效率。

3）减少磕碰的机会，保障安全，提高质量。

4）消除管理上的混放、混料等差错事故。

5）有利于减少库存量，节约资金。

6）改变作风，提高工作情绪。

（2）整顿（SEITON）　要用的工具依规定定位、定量摆放整齐，明确标示。整顿活动的要点是：

1）物品摆放要有固定的地点和区域，以便于寻找和消除因混放而造成的差错。

2）物品摆放地点要科学合理。例如：根据物品使用的频率，经常使用的物品放得近些（如放在作业区内），偶尔使用或不常用的物品则应放得远些（如集中放在车间某处）。

3）物品摆放目视化，使定量装载的物品做到过目知数，不同物品摆放区域采用不同的色彩和标记。

4）生产现场物品的合理摆放有利于提高工作效率，提高产品质量，保障生产安全。

（3）清扫（SEISO）　对实训场地和设备进行清扫，并防止污染的发生。清扫活动的要点是：

1）自己使用的物品，如设备、工具等，要自己清扫，而不是依赖他人，不增加专门的清洁人员。

2）对设备的清扫，着眼于对设备的维护保养。清扫设备同设备的点检结合起来，清扫即点检；清扫设备要同时做设备的润滑工作，清扫也是保养。

3）清扫也是为了改善现场环境。当清扫地面发现有飞屑和油水泄漏时，要查明原因并采取措施加以改进。

（4）清洁（SETKETSU）　将上面3S实施的做法制度化、规范化，并维持成果。清洁活动的要点是：

1）车间环境不仅要整齐，而且要做到清洁卫生，保证操作人员身体健康，增加操作人员劳动热情。

2）不仅物品要清洁，而且整个工作环境要清洁，进一步消除混浊的空气、粉尘、噪声和污染源。

3）不仅物品、环境要清洁，而且操作人员本身也要做到清洁，如工作服要清洁，仪表要整洁，及时理发、刮须、修指甲、洗澡等。

4）操作人员不仅要做到形体上的清洁，而且要做到精神上的"清洁"，待人要讲礼貌，要尊重别人。

（5）安全（SAFETY）　管理上制订正确的作业流程，配置适当的工作人员进行监督指示；对不合安全规定的因素及时举报消除；加强操作人员安全意识教育；签订安全责任书。

（6）素养（SHTSUKE）　人人按照规定做事，从心态上养成好习惯。素养即教养，努力提高操作人员的素质，养成严格遵守规章制度的习惯和作风。

（7）节约（SAVE）　以节约为荣、浪费为耻。

（8）学习（STUDY）　学习长处，提升素质。

四、 数控车床的保养与维护

1. 数控系统的保养与维护

1）制定严格的设备管理制度，定岗、定人、定机，严禁无证人员随便开机。

2）制定数控系统日常维护的规章制度。

3）严格执行机床说明书中的通、断电顺序。

4）应尽量少开数控柜和强电柜的门。

5）定时清理数控装置的散热通风系统。

6）定期维护数控系统的输入、输出装置。

7）经常监视数控装置用的电网电压。

8）定期更换存储器电池。

9）数控系统长期不用时的维护。

10）备用印制电路板的维护。

2. 数控车床的维护（表 2-1）

表 2-1　数控车床的维护

维护时间	具体要求
每日保养	1）整理、整顿、清扫机床四周，特别是地面，检查机床有无漏油、漏水
	2）清理切屑（包括刀架、导轨等）
	3）清洁移动门玻璃窗
	4）检查润滑泵油箱油位，每班加油一次，并使用标准、合格的润滑油
	5）机床传动部件及机械手等位置应经常检查并加注润滑油，对进气处油水分离器进行检查并加油
	6）检查各传动电动机是否过热（排屑电动机、平送电动机等）
	7）废油汇集箱应每天清除废油
	8）加工前各传动部分需预热 10~30min
	9）排屑机减速器轴承座注油杯每班加注润滑脂
	10）液压卡盘注油杯每天加注一次润滑油
	11）按使用要求尾座注油杯每 4h 加注一次润滑油
每周保养	1）热交换器清洁每星期一次
	2）检查液压站油箱油位
	3）检查空气滤清器，每周清洁一次空气滤清器
	4）检查切削液液位是否在正常的范围内，低于液位线应增加切削液
	5）检查操作面板上的指示灯是否显示正常
	6）检查机械手、料道、拨叉等位置的紧固螺钉，并重新紧固一次
每月保养	1）清洁、清洗卡盘
	2）切断机床电源，检查变压器及电柜箱各接线端子是否有松动
	3）确认急停按钮的功能
	4）润滑泵过滤器每月清洗一次
	5）更换干燥剂或待干燥剂烘干后再使用（包括主电柜箱、操纵台及其他电柜箱）
	6）清洁机床内部防护，保持机床清洁

五、实训操作步骤

1) 学习并牢记数控车床安全操作规程。

2) 学习企业生产 8S 管理的含义。

3) 严格按照 8S 管理标准对实训场地进行清理。

4) 对设备进行打扫和整理。

六、实训项目考核

1) 对实训场地和设备的打扫和整理情况进行考核。

2) 进行数控车工安全考试。

数控车床实训安全文明生产教育专题

姓名：　　　　　　班级：　　　　　　评分：

、填空题（28分）

1. 进入车间须穿工作服，女生应戴_____，不准穿_____进入车间。

2. 要按照指导老师的要求实训，不得_____，不准在车间吃东西、玩游戏，不得在车间聊天、闲坐。

3. 严格遵守机床操作规程，发现事故隐患应及时报告老师，如遇机床危险情况，应立即_____。

4. 当天实训结束时，先填写_____，然后将量具擦拭干净，放入盒内，交还老师登记。

5. 当天实训结束后，由班长安排值日生扫地，打扫干净后，应_____检查_____是否关闭。

6. 数控机床的操作中，_____安全是第一位的。

7. 程序输入后，应仔细核对，包括指令、地址、数值、_____、_____及_____。

8. 试切削进给时，在刀具运行至离工件表面_____mm处时，验证各坐标轴坐标剩余与加工程序是否一致。

9. 必须确认工件_____后才能起动机床，严禁工件转动时_____工件。

10. 紧急停车或程序校验后，应重新对机床进行_____操作，才能再次运行程序。

二、简答（60分）

1. 简述数控车床安全操作规程。

2. 简述学生实训守则。

3. 简述 8S 管理制度的内容。你是如何在这次实训中培养良好的工作习惯的？

三、实训小结（12分）

请对本次实训项目进行总结。

项目三　数控车床的基本操作

知识目标

1. 熟悉数控车床操作面板各键的名称、位置及作用。
2. 正确操作和使用各功能键。
3. 了解各种方式的操作方法。

技能目标

1. 能熟练操作数控车床操作面板。
2. 掌握各种方式的操作方法。

素养目标

培养学生的规则和安全意识，养成严谨的工作作风。

一、项目引入

数控机床的操作是数控加工的重要环节，通过系统操作面板和机床操作面板来完成。不同类型的数控车床，其操作面板也各不相同。现在以 FANUC 0i 数控车系统为例，学习操作面板的各种操作方法。

二、相关知识要点

以数控车床（FANUC 0i 系统）操作面板为例介绍数控车床的基本操作，如图 3-1 所示。

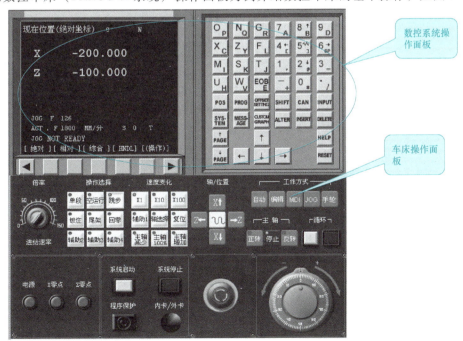

图 3-1　典型的 FANUC 0i 系统数控车床的操作面板

1. 数控系统操作面板

数控系统操作面板由显示屏和 MDI 键盘两部分组成，如图 3-2 所示。

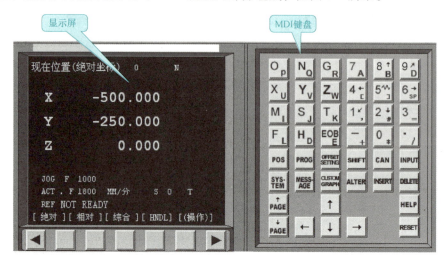

图 3-2　数控系统操作面板

MDI 键盘上各键介绍如图 3-3 所示。

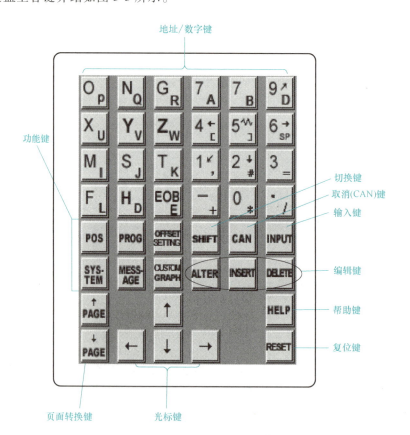

图 3-3　MDI 键盘上各键介绍

2. 车床操作面板

车床操作面板如图 3-4 所示。

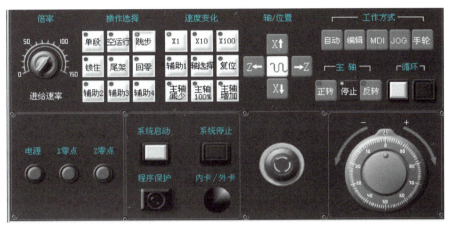

图 3-4 车床操作面板

MDI 键盘上各键功能见表 3-1。

表 3-1 MDI 键盘上各键功能

键	名称	功能说明
RESET	复位键	按下此键,复位 CNC 系统。包括取消报警、主轴故障复位、中途退出自动操作循环和中途退出输入、输出过程等
HELP	帮助键	按此键用来显示如何操作机床,可在 CNC 系统发生报警时提供报警的详细信息
PAGE	页面转换键	显示屏页面向前变换页面,显示屏页面向后变换页面
地址和数字键		按下这些键,输入字母、数字和其他字符
POS	位置显示键	在显示屏上显示机床现在的位置
PROG	程序键	在编辑方式下,编辑和显示内存中的程序;在 MDI 方式下,输入和显示 MDI 数据;在自动方式下,指令值显示
OFFSET SETING	偏移键	偏置值设定和显示
SYSTEM	自诊断参数键	参数设定和显示,诊断数据显示
MESSAGE	报警号显示键	报警号显示及软件操作面板的设定和显示
CUSTOM GRAPH	图形显示键	图形显示功能
INPUT	输入键	用于参数或偏置值的输入;启动 I/O 设备的输入;MDI 方式下指令数据的输入
ALTER	修改键	修改存储器中程序的字符或符号
INSERT	插入键	在光标后插入字符或符号
CAN	取消键	取消已输入缓冲器的字符或符号
DELETE	删除键	删除存储器中程序的字符或符号

(一)车床开机顺序

1)电源:打开车床电源,打开操作面板电源。

2）打开气源（压缩空气）。

3）手动润滑机床导轨。

4）回参考点：在操作面板上按下"回零"键，在相应的倍率下按下"X"或"Z"方向键（一般在回零时应先 X 方向回零，后 Z 方向回零）。

（二）车床关机顺序

1）清扫整理车床。

2）关闭电源、压缩空气：依次关闭操作面板电源、NC 机床电源、压缩空气电源。

（三）手动返回参考点

1）按车床操作面板上的"回零"键，选择回参考点方式。

2）选择坐标轴"X"。

3）按方向键"+X"，X 轴即回参考点，对应的 LED 灯闪烁。

4）选择坐标轴"Z"。

5）按方向键"+Z"，Z 轴即回参考点，对应的 LED 灯闪烁。

（四）手动连续进给（JOG）

1）按车床操作面板上的"手动（JOG）"键。

2）调整进给倍率修调旋钮，选择合理的进给速度。

3）根据需要选择相应坐标轴（X 或 Z）。

4）按住方向键"+"或"−"不放，车床将在对应的坐标轴和方向上产生连续移动。

5）在按某一方向键的同时按下"快移"键，车床将在对应方向上快速移动，其速度也可通过快速进给倍率修调旋钮调整。

（五）手轮增量进给

1）按车床操作面板上的"手轮"键，选择手轮方式。

2）选择所需要的坐标轴（"X"或"Z"）。

3）选择增量倍率单位（"×1""×10""×100"）。

4）按所需方向旋转手轮。

按下手轮键→选好移动方向（"X"或"Z"）→选好移动倍率→准确判断手轮旋向→转动手轮移动刀具。

（六）程序编辑

1. 新建程序

新建程序的操作步骤如下：

1）选择"编辑"工作方式，按"程序"键进入程序，按页面转换键选择程序内容显示页面。

2）以创建 O0001 为例，依次输入地址键 O、数字键 0001→按"插入（INSERT）"键→按"换行（EOB）"键→按"插入（INSERT）"键，建立新的程序。

3）依次输入编好的程序。

2. 程序查找

选择"程序编辑"方式→按 MDI 键盘上的"程序（PROG）"键→输入需查找的程序文件名（O××××）→按页面转换键。

3. 程序修改

选择"程序编辑"工作方式→按 MDI 键盘上的"程序（PROG）"键→通过 MDI 键盘输入需查找的程序文件名（O××××）→按 MDI 键盘上的"换行（EOB）"键就可在屏幕上显示程序→使用 MDI 键盘上的光标键和页面转换键，将光标移至要修改的字符处→通过 MDI 键盘输入要修改的内容→按 MDI 键盘上的程序编辑键——"插入和修改（INS＋ALT）""取消（CAN）""删除（DEL）"键来进行删除和插入操作。

4. 程序删除

选择"程序编辑"工作方式→按 MDI 键盘上的"程序（PROG）"键→通过 MDI 键盘输入要删除的程序文件名（O××××）→按 MDI 键盘上的"删除（DEL）"键，即可删除该程序文件。

5. 程序字符查找

选择"程序编辑"工作方式→按 MDI 键盘上的"程序（PROG）"键→通过 MDI 键盘输入要查找的程序文件名（O××××）→按 MDI 键盘"换行（EOB）"键，屏幕上即可显示要查找的程序内容→通过 MDI 键盘输入要查找的字符→按屏幕右方的上、下、左、右键，按要求向上、向下、向左或向右检索要找的字符。

6. MDI——手动数据输入

在此状态下可以输入程序段并执行自动加工，通常是简单的单一动作。手动方式主要执行手动切削、移动、选换刀、变档调速等内容。

三、实训操作步骤

在实训过程中，应完成以下操作：

1）熟悉车床操作面板。
2）熟悉 MOI 键盘上各键。
3）主轴运转控制。
4）坐标轴手动控制。
5）刀架运转控制。
6）关机。

四、实训注意事项

在实际操作过程中，应注意以下几点：

1）操作练习前必须认真阅读机床操作说明书，并严格按照操作说明书的操作顺序练习。
2）车削外圆、端面所用的刀具、零件由指导教师事先安装好。
3）刀具接近工件时要调节进给倍率旋钮，降低前进速度。
4）操作过程中若出现故障，应立即向指导教师反映，切忌盲目操作。
5）操作数控车床时应确保安全，包括人身和设备的安全。
6）禁止多人同时操作车床。
7）禁止让车床在同一方向连续"超程"。

五、实训思考题

1) 数控车床的开启、运行、停止有哪些注意事项？

2) 急停数控车床主要有哪些方法？

3) 手动操作车床的主要内容有哪些？

4) 车床"回零"的主要作用是什么？

5) MDI 运行的作用主要有哪些？怎样操作？

六、实训小结

完成本实训项目的实训报告。实训报告也就是实训的总结，对所学的知识、所接触的车床、所操作的内容加以归纳、总结、提高。实训报告应包含以下内容：

1) 实训目的。

2) 实训设备。

3) 实训内容。

4) 分析总结在数控车床上进行起动、停止、手动操作、程序的编辑和管理及 MDI 运行的步骤。

知识目标

1. 熟知正确安装刀具的方法。
2. 熟知正确安装工件的方法。
3. 熟知对刀的过程和对刀的基本理论。

技能目标

1. 能正确安装刀具和工件。
2. 掌握数控车床的对刀操作方法。

素养目标

培养学生良好的职业道德和操作规范。

一、项目引入

在数控车床上加工工件时，为了保证刀具能按要求的轨迹进行加工，必须建立工件坐标系，使刀具与工件坐标系重合。本次项目就是建立工件坐标系并完成对刀。

二、相关知识要点

（一）刀具安装要求

1）刀尖一定要与工件轴线等高。

2）刀杆不可伸出太长，一般刀杆伸出长度为刀具厚度的 1～1.5 倍。

3）刀具主偏角应装正，90°车刀主偏角应尽可能装成 91°～93°。

（二）试切对刀法

试切对刀法的操作步骤如下：

1）开机→回零→在 MDI 方式下输入 "M03 S600"，按下 "循环启动" 键。

2）选择基准刀，使刀具沿端面切削。

3）在 Z 轴不动的情况下沿 X 轴退出刀具，并且使主轴停止旋转。

4）按 "刀补" 键进入偏置页面，选择 "刀具偏置" 页面，按光标移动键移动光标选择该刀具对应的偏置号。

5）依次输入 "Z" 和 "0"，再按 ［测量］ 软键。

6）使刀具沿外圆表面切削（背吃刀量为 0.2mm 左右）。

7）在 X 轴不动的情况下，沿 Z 轴退出刀具，并且使主轴停止旋转。

8）测量车削后的外圆表面直径 D（假定 $D=20$mm）。

9）按 "刀补" 键进入偏置界面，选择 "刀具偏置" 页面，按光标移动键移动光标选择该刀具对应的偏置号。

10）依次输入 "X" 和 "20"，再按 ［测量］ 软键。

11）移动刀具到安全位置，更换刀具。

12) 移动更换后的刀具到车削过后的端面和外圆表面的交界处。

13) 按"刀补"键进入偏置页面，选择"刀具偏置"页面，按光标移动键移动光标选择刀具对应的偏置号。

14) 依次输入"Z"和"0"，再依次输入"X"和"20"。

15) 其他刀具对刀方法重复步骤 11) ~ 14)。

(三) 程序的输入与编辑

1. 显示程序存储器的内容

1) 按 编辑 键选择编辑工作方式。

2) 按 PROG 键显示程序页面。

3) 按 [LIB] 软键显示存储器内容。

2. 输入新的加工程序

1) 按 编辑 键选择编辑工作方式。

2) 按 PROG 键显示程序画面。

3) 在 MDI 操作面板上输入"O0100"，按 INSERT 键确认，再按 EOB/E 键插入分隔号，按 INSERT 键确认，这样就建立了一个新的程序号，可输入程序的内容。

4) 每输入一段程序后按 EOB/E 键表示语句结束，然后将该语句输入。

3. 编辑程序

(1) 检索需要编辑的程序

1) 按 编辑 键选择编辑工作方式。

2) 按 PROG 键，显示屏上显示程序页面。

3) 输入要检索的程序号（如 O0100）。

4) 按 [O 检索] 软键，即可调出所要检索的程序，或按向下光标键。

(2) 检索程序段（语句）

1) 按 HELP 键，光标回到程序号所在的位置，如"O0100"。

2) 输入要检索的程序段号，如"N3"。

3) 按 [检索↓] 软键，光标即移至所检索的程序段"N3"所在的位置。

(3) 检索程序中的字

1) 输入所需检索的字，如"X52.0"。

2) 以光标当前的位置为准，向前面的程序检索时，按 [检索↑] 软键；向后面的程序检索时，按 [检索↓] 软键。将光标移至所检索的字第一次出现的位置。

(4) 字的修改　如将"X52.0"修改为"X54.0"，修改方法如下：

1) 将光标移至"X52.0"位置（可用检索方法）。

2) 输入要改变的字"X54.0"。

3）按 **ALTER** 键，"X52.0"被"X54.0"替换。

（5）删除字　如在程序段"N4 G00 X62.0 Z0.0；"中，欲删除其中的"X62.0"，修改方法如下：

1）将光标移至要删除的字"X62.0"位置。

2）按 **DELETE** 键，"X62.0"被删除，光标自动向后移。

（6）删除程序段　如欲删除下列程序中的"N2"程序段，操作过程如下：

O0100；

N1 M04 S800；

N2 T0101；

……

1）将光标移至要删除的程序段第一个字"N2"处。

2）按 **EOB E** 键。

3）按 **DELETE** 键，即删除了整个程序段。

（7）插入字　如在程序段"G00 Z1.0；"中插入"X62.0"，改为"G00 X62.0 Z1.0；"，操作过程如下：

1）将光标移至要插入的字前一个字的位置"Z1.0"处。

2）输入"X62.0"。

3）按 **INPUT** 键，插入完成，程序段变为"G00 X62.0 Z1.0；"。

（8）删除程序　如欲删除程序号为"O0100"的程序，操作过程如下：

1）模式选择开关定为编辑状态。

2）按 **PROG** 键显示程序画面。

3）输入要删除的程序号"O0100"。

4）确认要删除的程序号。

5）按 **DELETE** 键后程序"O0100"被删除。

（四）自动加工

1）按 **自动** 键，系统进入自动加工状态。

2）按 **PROG** 键，输入要运行的程序号，检索加工程序并按 **INSERT** 键确认程序。

3）按 **RESET** 键，程序复位，光标指向程序的开头。

4）按"循环启动"键启动自动循环运行。

三、实训操作步骤

在实训过程中，应完成以下操作：

1）按照量具的使用及读数规则，完成相关尺寸测量。

2）安装外圆车刀，注意车刀的伸出长度及中心高。

3）安装工件，注意"牢""紧""正"的要求。

4）试切对刀。

5）练习程序的编辑和输入方法。

6）打扫机床卫生，关机。

四、实训注意事项

在实际操作过程中，应注意以下几点：

1）安全第一。实训必须在教师的指导下，严格按照数控车床的安全操作规程，有步骤地进行。

2）禁止多人同时操作车床。

3）禁止使车床在同一方向连续"超程"。

4）工件、刀具要夹紧、夹牢，换刀时，要注意安全位置。

5）车床在试运行前必须进行图形模拟加工，避免程序错误、刀具碰撞工件或卡盘。

五、实训项目考核

教师对每位学生依次进行对刀操作的考核。

六、实训思考题

1）在数控车床上如何正确安装刀具？

2）如何正确对刀？怎样设定刀尖圆弧半径补偿？怎样检验对刀的正确性？

3）如何修改刀偏量？在什么时候修改最好？

4）怎样进行工件原点的偏置？

5）怎样进行工件坐标系的偏置？

6）简述数控加工对刀的步骤。

七、实训小结

完成本实训项目的实训报告。

项目五　车削外圆、端面和台阶

知识目标

1. 掌握程序的输入、检查和修改的方法。
2. 掌握利用 G00、G01 指令车削外圆、端面的程序编制方法。
3. 了解在数控车床上加工零件、控制尺寸的方法及切削用量的选择方法。

技能目标

1. 会进行车床操作面板的操作。
2. 会进行数控车床的对刀操作。
3. 能在数控车床上加工零件，会进行尺寸的控制及切削用量的选择。

素养目标

根据数控车床安全操作规程，掌握文明、安全生产的要求，全面贯彻落实 8S 的现场管理制度，养成良好的职业习惯。

一、项目引入

图 5-1 所示为台阶轴零件，编写加工程序，填写加工工艺卡，并完成零件的加工。毛坯材料及规格：铝合金，ϕ40mm×150mm。

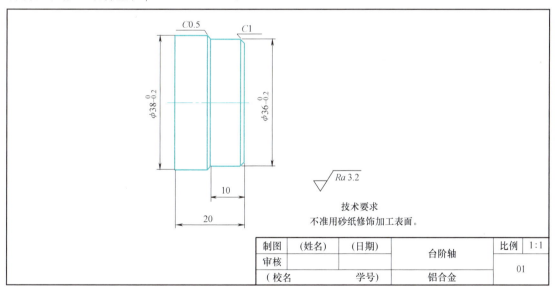

图 5-1　台阶轴零件

二、项目分析

1. 工艺分析

该零件的加工包括外圆和端面的加工，因为材料很长，还需要进行切断。零件外形简单，用 G00、G01 指令就能完成加工。

2. 工具、量具及材料准备

1）工具：93°外圆硬质合金车刀、3mm 切断刀各一把。

2）量具：0~200mm 游标卡尺、25~50mm 千分尺各一套。

3）材料及规格：铝合金，ϕ40mm×150mm。

三、相关知识要点

（一）编程要求

1. 快速定位指令 G00

G00 指令可使刀具相对于工件以各轴预先设定的速度，从当前位置快速移动到程序段指定的定位目标点。

指令格式：

G00 X（U）___ Z（W）___;

如图 5-2 所示，用 G00 指令将刀具从 b_1 快速定位至 b_2，如果 b_2 的坐标为（X30，Z10），则程序为：G00 X30 Z10;

应当注意的是，在执行 G00 指令时，由于各轴以各自速度移动，不能保证各轴同时到达终点，因而联动直线轴的合成轨迹不一定是直线。操作者必须格外小心，以免刀具与工件发生碰撞。常见的做法是，将 X 轴移动到安全位置，再执行 G00 指令。

2. 直线插补指令 G01

如图 5-3 所示，直线插补以直线方式和指令给定的移动速率从当前位置移动到指令位置。

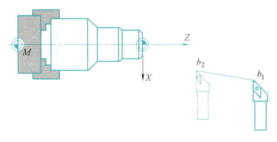

图 5-2　快速定位指令 G00

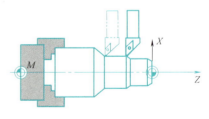

图 5-3　直线插补指令 G01

指令格式：

G01 X（U）___ Z（W）___ F___;

其中：

X、Z——要求移动到的位置的绝对坐标值。

U、W——要求移动到的位置的增量坐标值。

例：如图 5-4 所示，对刀具从 A 点至 B 点再至 C 点的加工路线进行编程。

1）绝对坐标程序：

G01 X50 Z75 F0.2;

X100;

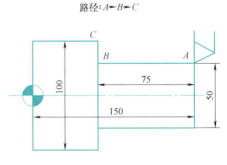

路径：A→B→C

图 5-4　加工零件示意图

2）增量坐标程序：

G01 U0. 0 W–75 F0. 2；

U50；

3. 主轴正转（顺时针方向）**指令 M03**

指令格式：

M03 S500；

表示主轴正转，转速为 500r/min。

4. 主轴停转指令 M05

5. 程序结束并返回程序号指令 M30

（二）粗车、精车的概念

1）粗车是指将毛坯尺寸向需要尺寸切削的过程，因为留有余量，故不考虑精度。切削时，转速不宜太高，背吃刀量较大，进给速度快，以求在尽量短的时间内尽快把工件余量车掉。粗车对切削表面没有严格要求，只需留一定的精车余量即可，加工中要求装夹牢靠。

2）精车是车削的末道工序，可使工件获得准确的尺寸和规定的表面粗糙度值。此时，刀具应较锋利，切削速度较快，进给速度应小一些。

四、项目实施

1. 确定加工步骤，填写加工工艺卡（表 5-1）

表 5-1　加工工艺卡

零件图号	01		材料		铝合金	毛坯尺寸	ϕ40mm×150mm
零件名称	台阶轴		刀具	背吃刀量 a_p/mm	主轴转速 n/（r/min）	进给量 f/（mm/r）	设备型号	CK6140A
工步	工步内容					工艺简图	
1	车端面	T01	1	400	0.2		
2	粗加工零件外轮廓各部分，留余量 0.5mm	T01	1.5	400	0.2		
3	精加工零件外轮廓至尺寸要求	T01	0.25	600	0.1		
4	切断	T03		400	0.05		
5	自检						

2. 编写加工程序（表 5-2）

表 5-2　加工程序

程序内容	程序说明
O0001；	程序名
G99；	每转进给量
T0101 M08；	调 1 号车刀 1 号刀补，开切削液
M03 S400；	主轴正转，转速为 400r/min
G00 X42 Z2；	快速定位
G01 Z0 F0.3；	直线插补

（续）

程序内容	程序说明
O0001；	程序名
X−1 F0.2；	车平端面
G00 Z1；	快速退刀
X38.5；	
G01 Z−24 F0.2；	粗车 $\phi38_{-0.2}^{0}$ mm 外圆至 $\phi38.5$mm
X41；	
G00 Z1；	快速退刀
G01X36.5 F0.1 S600；	
Z−10 F0.2；	粗车 $\phi36_{-0.2}^{0}$ mm 外圆至 $\phi36.5$mm
X39；	
G00 Z1；	快速退刀
G01 X34 F0.1 S600；	精车转速 600r/min
Z0；	
X36 Z−1 F0.1；	倒角 C1
Z−10；	精车 $\phi36_{-0.2}^{0}$ mm
X37；	
X38 W−0.5；	倒角 C0.5
Z−24；	精车 $\phi38_{-0.2}^{0}$ mm
X41；	
G00 X50；	快速退至安全点
Z100；	
T0303；	换 3 号刀调 3 号刀补
M03 S400；	主轴正转，转速为 400r/min
G00 X42 Z−23；	快速定位
G01 X2 F0.05；	切断，进给量为 0.05mm/r
X42 F0.3；	
M05；	主轴停止
M09；	关切削液
G00 X100 Z100；	快速退刀
T0101；	
M30；	程序结束

3. 注意事项

在实际操作过程中，应注意以下几点：

1）安全第一。实训必须在教师的指导下，严格按照数控车床的安全操作规程，有步骤地进行。

2）编程时注意 Z 方向数值的正负号，否则可能撞坏工件和刀具。X 方向采用直径编程。

3）程序中的刀具起始位置要考虑到毛坯尺寸的大小，换刀位置应考虑刀架与工件及机床尾座之间的距离足够大，否则将发生严重事故。

4）采用 G00 指令编程时，尽量沿 X 轴、Z 轴分别退刀。

5）程序调试必须有指导教师在现场指导下进行，不得擅自操作。

6）装夹工件时，夹持部分长短适度。

7）车锥面时，刀尖一定要与工件轴线等高，否则车出的工件圆锥素线不直，呈双曲线形。

8）在自动加工前应由指导教师检查各项调试是否正确。

9）加工零件过程中一定要提高警惕，将手放在"进给暂停"按钮上，如遇紧急情况可迅速按下"进给暂停"按钮，防止意外事故发生。

4. 加工零件的质量检查及评分（表 5-3）

表 5-3　加工零件的质量检查及评分

序号	项目	检测尺寸	配分	评分标准	自检	复检	得分
1	外圆	$\phi 38_{-0.2}^{0}$ mm	15	超差不得分			
2	外圆	$\phi 36_{-0.2}^{0}$ mm	15	超差不得分			
3	长度	10mm	10	超差不得分			
4	长度	20mm	10	超差不得分			
5	倒角	$C0.5$、$C1$	10	不合格不得分			
6	表面粗糙度值	$Ra3.2\mu m$	10	不合格不得分			
7	安全文明生产		30				
学生签名：			教师签名：			总分：	

五、拓展练习

编写图 5-5 所示台阶轴的加工程序，在数控车床上完成零件的加工，填写加工工艺卡并进行质量检查及评分。

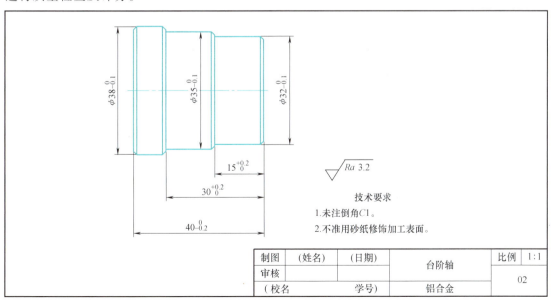

图 5-5　台阶轴

1. 确定加工步骤，填写加工工艺卡（表5-4）

表5-4 加工工艺卡

零件图号		材料				毛坯尺寸	
零件名称		刀具	背吃刀量 a_p/mm	主轴转速 n/(r/min)	进给量 f/(mm/r)	设备型号	
工步	工步内容					工艺简图	
1							
2							
3							
4							
5							
6							

2. 加工零件的质量检查及评分（表5-5）

表5-5 加工零件的质量检查及评分

序号	项目	检测尺寸	配分	评分标准	自检	复检	得分
1	外圆	$\phi 38_{-0.1}^{0}$ mm	10	超差不得分			
2	外圆	$\phi 35_{-0.1}^{0}$ mm	10	超差不得分			
3	外圆	$\phi 32_{-0.1}^{0}$ mm	10	超差不得分			
4	长度	$15_{0}^{+0.2}$ mm	10	超差不得分			
5	长度	$30_{0}^{+0.2}$ mm	10	超差不得分			
6	总长	$40_{-0.2}^{0}$ mm	10	超差不得分			
7	倒角	$C1$	10	不合格不得分			
8	表面粗糙度值	$Ra3.2\mu$m	10	不合格不得分			
9	安全文明生产		20				
学生签名：			教师签名：			总分：	

六、实训思考题

1）简述数控车床常用刀具的特点。

2）什么是直线插补？

3）何谓增量编程与绝对编程？

七、实训小结

完成本实训项目的实训报告。

项目六　车削圆弧

知识目标

1. 学习利用 G02、G03 指令车削外圆、端面的程序编制方法。

2. 掌握 G41、G42、G40 指令在加工程序中的应用。

3. 了解在数控车床上加工零件、控制尺寸的方法及切削用量的选择方法。

技能目标

1. 掌握刀具的装夹和试切对刀的方法。

2. 掌握数控车床的对刀操作方法。

3. 初步掌握在数控车床上加工零件、控制尺寸的方法及切削用量的选择方法。

素养目标

根据数控车床安全操作规程，掌握文明、安全生产的要求，全面贯彻落实 8S 的现场管理制度，养成良好的职业习惯。

一、项目引入

图 6-1 所示为台阶轴零件，编写加工程序，并完成零件的加工。

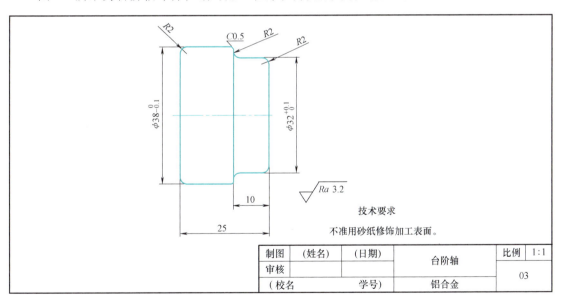

图 6-1　台阶轴

二、项目分析

1. 工艺分析

该零件的加工包括外圆和端面的加工，外圆上有 $R2\text{mm}$ 的圆弧，材料很长，还需进行切断。零件外形简单，除了 G00、G01 指令，还需用 G02 和 G03 指令才能进行加工。因为有刀

61

尖圆弧半经的存在，为了能车出正确的零件形状，还需进行刀尖圆弧半经的补偿，即应用 G40、G41 和 G42 指令进行加工。

2. 工具、量具及材料准备

1）刀具：93°外圆硬质合金车刀、3mm 切断刀各一把。

2）量具：0～200mm 游标卡尺，0～25mm 千分尺、25～50mm 千分尺，R2mm 半径样板各一套。

3）材料及规格：铝合金，ϕ40mm×150mm。

三、相关知识要点

（一）圆弧插补指令（G02 和 G03）

1. 指令书写格式

圆弧插补指令是命令刀具在指定平面内按给定的进给速度做圆弧运动，切削出圆弧轮廓。G02/G03 指令为模态指令。

在车床上加工圆弧时，不仅需要用 G02 或 G03 指令指出圆弧的顺逆方向，用"X（U）、Z（W）"指定圆弧的终点坐标，而且还要指定圆弧的中心位置。一般常用指定圆心位置的方法有以下两种：

1）用 I、K 指定圆心位置，其格式为：

G02/G03 X（U）__ Z（W）__ I __ K __ F __；

2）用圆弧半径及指定圆弧终点坐标位置，其格式为：

G02/G03 X（U）__ Z（W）__ R __ F __；

其中：

X、Z——绝对编程时圆弧终点在工件坐标系中的坐标值。

U、W——相对编程时圆弧终点相对于起点的位移量。

I、K——圆弧中心坐标，即圆心在 X 轴、Z 轴方向上相对圆弧起点位置的增量坐标。

R——圆弧半径。

F——进给量。

2. G02、G03 顺逆方向判断

在使用 G02、G03 指令进行圆弧插补编程时，必须做好顺圆弧插补和逆圆弧插补刀具路径的判断，判断方法如图 6-2 所示；此外，还要考虑进行前置刀架后置处理。

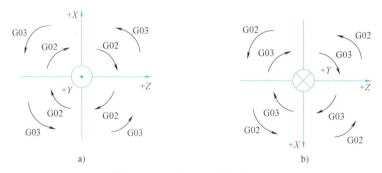

图 6-2　G02 和 G03 插补方向

a）后置刀架　b）前置刀架

（二）刀尖圆弧半径补偿的应用

1. 刀尖圆弧半径补偿概述

编制数控车床加工程序时，将车刀刀尖看作一个点。但是为了延长刀具寿命和降低加工表面的表面粗糙度值，通常将车刀刀尖磨成半径不大的圆弧，一般圆弧半径 R 为 $0.4 \sim$ 1.6mm。如图 6-3 所示，编程时以理论刀尖 P 来编程，数控系统控制 P 点的运动轨迹。而切削时，实际起作用的切削刃是圆弧的各切点，这势必会产生加工表面的形状误差，而刀尖圆弧半径补偿就是用来补偿由于刀尖圆弧半径引起的工件形状误差。

切削工件右端面时，圆弧切点 A 与理论刀尖 P 的 Z 坐标值相同，车外圆时车刀圆弧的切点 B 与 P 点的 X 坐标值相同，切出的工件没有形状误差和尺寸误差，因此可以不考虑刀尖圆弧半径补偿。如果切削外圆后继续切削图 6-3 所示的端面，则在外圆与端面的连接处，存在加工误差（误差大小为刀尖圆弧半径），这一加工误差是不能靠刀尖半径补偿方法来修正的。

如图 6-4 所示，切削圆锥和圆弧部分时，仍然以理论刀尖 P 来编程，刀具运动过程中，与工件接触的各切点轨迹为无刀具补偿时的轨迹。该轨迹与工件加工要求的轨迹之间存在图中斜线部分的误差，直接影响到工件的加工精度，且刀尖圆弧半径越大，加工误差越大。可见，对刀尖圆弧半径进行补偿是十分必要的。当采用刀尖圆弧半径补偿时，切出的工件轮廓就是加工要求的轨迹。

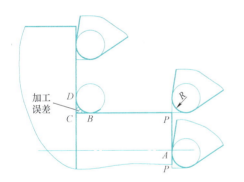

图 6-3　刀尖圆弧半径对加工精度的影响（一）

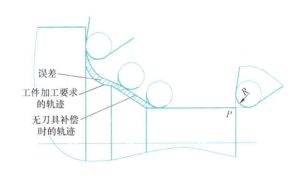

图 6-4　刀尖圆弧半径对加工精度的影响（二）

2. 实现刀尖圆弧半径补偿的准备工作

在加工工件之前，要把刀尖圆弧半径补偿的有关数据输入到存储器中，以便使数控系统对刀尖圆弧半径所引起的误差进行自动补偿。

（1）刀尖圆弧半径　工件的形状与刀尖圆弧半径的大小有直接关系，必须将刀尖圆弧半径输入到存储器中。

（2）车刀的形状和位置参数　车刀的形状有很多，它能决定刀尖圆弧所处的位置，因此也要把代表车刀形状和位置的参数输入到存储器中。将车刀的形状和位置参数称为刀尖方位 T。刀尖方位号如图 6-5 所示，分别用参数 0~9 表示，P 点（图 6-4）为理论刀尖点。

（3）参数的输入　与每个刀具补偿号相对应的有一组 X 和 Z 的刀具位置补偿值、刀尖圆弧半径 R，以及刀尖方位 T 值。输入刀尖圆弧半径补偿值时，就是要将参数 R 和 T 输入到存储器中。刀具补偿界面如图 6-6 所示。

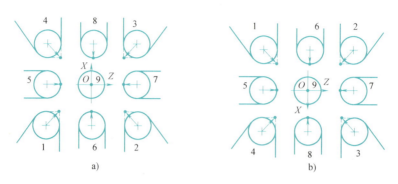

图 6-5　刀尖方位号

a）后置刀架　b）前置刀架

3. 刀尖圆弧半径补偿的方向

G41：刀尖圆弧半径左补偿。

G42：刀尖圆弧半径右补偿。

G40：取消刀尖圆弧半径补偿。

进行刀尖圆弧半径补偿时，刀具和工件的相对位置不同，刀尖圆弧半径补偿的指令也不同。

后置刀架的判断：顺着刀具运动方向看，刀具在工件的左边为左补偿，用 G41 指令；刀具在工件的右边为右补偿，用 G42 指令。

如果用前置刀架的判断，按照刀具轨迹判断后还要进行后置处理，如果判断为 G41 指令，则反过来用 G42 指令。图 6-7 所示为刀尖圆弧半径补偿的两种不同方向。

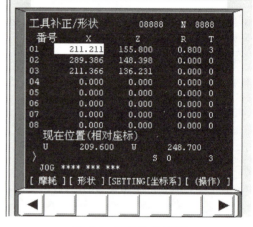

图 6-6　刀具补偿界面

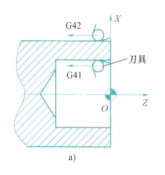
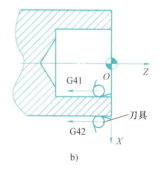

图 6-7　刀尖圆弧半径补偿的两种不同方向

a）后置刀架　b）前置刀架

4. 刀尖圆弧半径补偿指令（G40、G41、G42）的格式

指令书写格式：

G41；

G42 G00 （G01） X （U） ＿＿ Z （W） ＿＿；

G40；

其中：X、Z——建立或取消刀具补偿段中刀具移动终点坐标值。

四、项目实施

1. 确定加工步骤，填写加工工艺卡 （表6-1）

表6-1　加工工艺卡

零件图号	03		材料		铝合金		毛坯尺寸	$\phi40mm\times150mm$
零件名称	台阶轴	刀具	背吃刀量 a_p /mm	主轴转速 n /（r/min）	进给量 f /（mm/r）		设备型号	CK6140A
工步	工步内容						工艺简图	
1	车端面	T01	1	600	0.2			
2	粗加工零件外轮廓各部分，留余量0.5mm	T01	1.5	600	0.2			
3	精加工零件外轮廓至尺寸要求	T01	0.25	800	0.1			
4	切断	T03		400	0.05			
5	自检							

2. 编写加工程序 （表6-2）

表6-2　加工程序

程序内容	程序说明
O0001；	程序名
G99；	每转进给量
T0101 M08；	调1号车刀1号刀补，开切削液
M03 S600；	主轴正转，转速为600r/min
G00 X42 Z2；	快速定位
G01 Z0 F0.3；	直线插补
X-1 F0.2；	车平端面
G00 Z1；	快速退刀
X38.5；	粗车 ϕ38mm外圆至 ϕ38.5mm
G01 Z-29 F0.2；	
X41；	
G00 Z1；	快速退刀
G01 X35 F0.2；	
Z-8；	
X36 Z-10；	R2mm上倒斜角
X39；	
G00 Z1；	快速退刀
G01 X32.5 F0.2；	粗车 ϕ32mm外圆至 ϕ32.5mm

（续）

程序内容	程序说明
O0001；	程序名
Z−8；	
X36 Z−10；	R2mm 上倒斜角
X38；	
G00 Z1；	
G01 X28 F0.2 S800；	精加工转速为 800r/min
G01 G42 Z0；	
G03 X32 Z−2 R2 F0.1；	切逆时针圆弧
G01 Z−8；	精车 φ32mm 外圆
G02 X36 Z−10 R2；	切顺时针圆弧
G01 X37；	
X38W−0.5；	
Z−29；	精车 φ38mm 外圆
X41；	
G00 G40 X50；	
Z100；	
T0303；	换 3 号车刀调 3 号刀补
M03 S400；	主轴正转，转速为 400r/min
G00 X42 Z−28；	快速定位
G01 X34 F0.06；	
X41 F0.2；	
Z−26；	
X38.1；	
G03 X34 Z−28 R2 F0.06；	切逆时针圆弧
G01 X2；	切断
X41 F0.2；	
M05；	停主轴
M09；	关切削液
G00 X100 Z100；	快速退刀
T0101；	换 1 号刀
M30；	程序结束

3. 注意事项

在实际操作过程中，应注意以下几点：

1）安全第一。实训必须在教师的指导下，严格按照数控车床的安全操作规程，有步骤地进行。

2）编程时注意 Z 方向数值的正负号，否则可能撞坏工件和刀具。X 方向采用直径编程。

3）程序中的刀具起始位置要考虑到毛坯尺寸的大小，换刀位置应考虑刀架与工件及机床尾座之间的距离足够大，否则将发生严重事故。

4）采用 G00 指令编程时，尽量沿 X 轴、Z 轴分别退刀。

5）程序调试必须有指导教师在现场指导下进行，不得擅自操作。

6）工件装夹时，夹持部分长短适度。

7）车锥面时，刀尖一定要与工件轴线等高，否则车出工件圆锥素线不直，呈双曲线形。

8）在自动加工前应由指导教师检查各项调试是否正确。

9）工件加工过程中，要注意中间检验工件质量，如果加工质量出现异常，应停止加工，并采取相应措施。

10）加工零件过程中一定要提高警惕，将手放在"进给暂停"按钮上，如遇紧急情况，可迅速按下"进给暂停"按钮，防止意外事故发生。

4. 加工零件的质量检查及评分（表 6-3）

表 6-3 零件质量检查及评分

序号	项目	检测尺寸	配分	评分标准	自检	复检	得分
1	外圆	$\phi 38_{-0.1}^{0}$ mm	10	超差不得分			
2	外圆	$\phi 32_{0}^{+0.1}$ mm	10	超差不得分			
3	长度	10mm	5	超差不得分			
4	长度	25mm	5	超差不得分			
5	倒角	C0.5	5	不合格不得分			
6	表面粗糙度值	$Ra3.2\mu m$	5	不合格不得分			
7	圆弧	R2mm 三处	30	不合格不得分			
8	安全文明生产		30				
学生签名：			教师签名：			总分：	

五、拓展练习

编写图 6-8 所示台阶轴的加工程序，在数控车床上完成零件的加工，填写加工工艺卡并进行质量检查及评分。

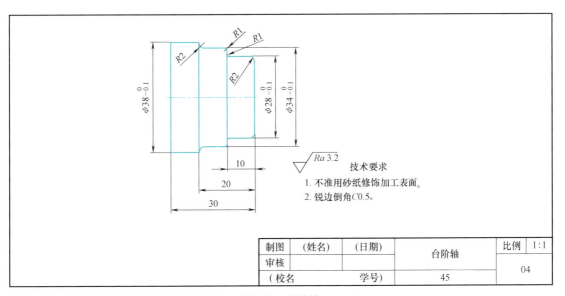

图 6-8 台阶轴

1. 确定加工步骤，填写加工工艺卡（表6-4）

表6-4　加工工艺卡

零件图号				材料				毛坯尺寸	
零件名称			刀具	背吃刀量 a_p / mm	主轴转速 n /（r/min）	进给量 f /（mm/r）	设备型号		
工步	工步内容								
							工艺简图		
1									
2									
3									
4									
5									
6									

2. 加工零件的质量检查及评分（表6-5）

表6-5　零件质量检查及评分

序号	项目	检测尺寸	配分	评分标准	自检	复检	得分
1	外圆	$\phi 38_{-0.1}^{0}$ mm	10	超差不得分			
2	外圆	$\phi 34_{-0.1}^{0}$ mm	10	超差不得分			
3	外圆	$\phi 28_{-0.1}^{0}$ mm	10	超差不得分			
4	长度	10mm	5	不合格不得分			
5	长度	20mm	5	不合格不得分			
6	长度	30mm	5	不合格不得分			
7	倒角	C0.5	5	不合格不得分			
8	表面粗糙度值	$Ra3.2\mu m$	5	不合格不得分			
9	圆弧	R2mm 两处、R1mm 两处	20	不合格不得分			
10	安全文明生产		25				
学生签名：			教师签名：			总分：	

六、实训思考题

1）为什么要进行刀尖圆弧半径补偿？刀尖圆弧半径补偿方法有哪些？

2）车圆弧工件时，方向如何判别？圆弧中心 I、K、R 的含义是什么？

七、实训小结

完成实训项目的实训报告。

知识目标
1. 利用 G90、G94 指令编写简单程序。
2. 掌握外轮廓的加工工艺路线、刀具的选用和切削用量的确定方法。

技能目标
1. 熟练掌握数控车床的基本操作方法。
2. 掌握零件加工的尺寸控制和测量方法。

素养目标
根据数控车床安全操作规程，掌握文明、安全生产的要求，全面执行 8S 的现场管理制度，养成良好的职业习惯。

一、项目引入

编写图 7-1 所示台阶轴的加工程序，填写加工工艺卡并完成零件的加工。

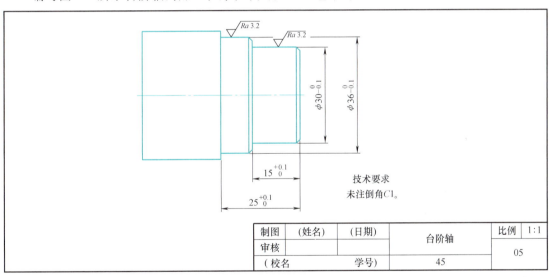

制图	(姓名)	(日期)	台阶轴	比例	1:1
审核					05
(校名)		学号)	45		

图 7-1　台阶轴

二、项目分析

1. 工艺分析

该零件由外圆和端面组成，尺寸精度要求较高，加工时应分粗车和精车工序。由于加工余量较多，如果用 G00、G01 指令来进行编程，则 G01 编程烦琐，容易出错，因此为了简化程序，减少编程出错，可考虑用 G90 单一形状固定循环指令进行编程。

2. 工具、量具及材料准备

1）刀具：90°外圆车刀一把。

2）量具：0~200mm 游标卡尺、25~50mm 外径千分尺各一套。

3）材料及规格：45 钢，ϕ50mm×50mm。

三、相关知识要点

1. 外圆切削循环（G90）

该循环主要用于圆柱面和圆锥面的循环切削。

（1）圆柱面固定循环

程序段格式：

G90 X（U）＿ Z（W）＿ F＿；

如图 7-2 所示，刀尖从循环起点开始，按矩形循环，最后回到循环起点。图中虚线表示刀具快速移动，实线表示按 F 指令指定的进给速度运动。X、Z 为圆柱面的切削终点坐标值；U、W 为圆柱面的切削终点相对循环起点的增量值。

（2）圆锥面切削循环

程序段格式：

G90 X（U）＿ Z（W）＿ R＿ F＿；

如图 7-3 所示，刀尖从循环起点开始，快速移动到切削起点，然后按 F 指令指定的进给速度沿圆锥面运动，到圆锥面的另一端后沿径向以进给速度退出，最后快速回到循环起点。其中，X、Z 为圆锥面的切削终点坐标值；U、W 为圆锥面的切削终点相对循环起点的增量值；R 为切削始点与圆锥面切削终点的半径差。由于刀具沿径向移动是快速移动，为避免打刀，刀具在 Z 方向应有一定的安全距离，因此在考虑参数 R 时，应按延伸后的值进行考虑。编程时，应注意 R 的符号，确定方法是：圆锥面起点坐标大于终点坐标时取正，反之取负。

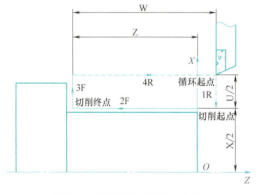

图 7-2　圆柱面切削循环路径

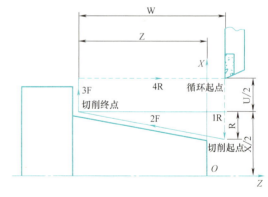

图 7-3　圆锥面切削循环路径

2. 端面切削循环（G94）

（1）圆柱端面固定循环

程序段格式：

G94 X（U）＿ Z（W）＿ F＿；

其中：

X、Z——绝对编程时圆柱终点坐标值。

U、W——相对编程时圆柱终点坐标值。

F——进给量。

如图 7-4 所示，刀具从循环起点开始按矩形循环，最后回到循环起点，图中 R 为快速移动。

（2）圆锥端面切削循环

程序段格式：

G94 X（U）__ Z（W）__ R__ F__;

其中：

X、Z——绝对编程时圆锥终点坐标值。

U、W——相对编程时圆锥终点坐标值。

R——端面切削始点至终点的位移在 Z 方向的坐标增量。

F——进给量。

圆锥端面切削循环路径如图 7-5 所示。

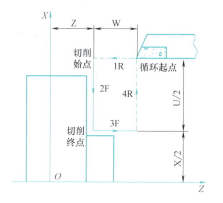

图 7-4　圆柱端面切削循环路径

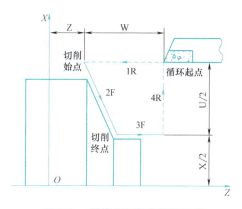

图 7-5　圆锥端面切削循环路径

四、项目实施

1. 确定加工步骤，填写加工工艺卡（表 7-1）

表 7-1　加工工艺卡

零件图号		05		材料		45 钢	毛坯尺寸	$\phi50mm \times 50mm$
零件名称		台阶轴	刀具	背吃刀量 a_p /mm	主轴转速 n /(r/min)	进给量 f /(mm/r)	设备型号	CK6140A
工步	工步内容						工艺简图	
1	将工件伸出长度大于 30mm，夹紧工件							
2	车端面	T01	1	600	0.2			
3	粗加工零件外圆轮廓各部分，留余量 0.5mm	T01	1.5	600	0.2			
4	精加工零件外圆轮廓至尺寸要求	T01	0.25	800	0.1			
5	自检							
6								

2. 编写加工程序（表 7-2）

表 7-2　加工程序

O0001;（G01 编程）	O0002;（G90 编程）	O0003;（G94 编程）
G99;	G99;	G99;
T0101 M08;	T0101 M08;	T0101 M08;
M03 S600;	M03 S600;	M03 S600;
G00 X41 Z1;	G00 X41 Z1;	G00 X41 Z1;
G01 X36.5 F0.3;	G90 X36.5 Z−25 F0.2;	G94 X30.5 Z−2 F0.2;
Z−25 F0.2;	X33 Z−15;	Z−4
X40;	X30.5;	Z−6;
G00 Z2;	T0101;	Z−8;
G01 X33 F0.3;	M03 S800;	Z−10;
Z−15 F0.2;	G00 X42 Z1;	Z−12;
X37;	G01 X28 F0.3;	Z−14;
G00 Z2;	Z0;	Z−14.9;
G01 X30.5 F0.2;	X30 Z−1 F0.1;	G94 X36.1 Z−16 F0.2;
Z−15;	Z−15.05;	Z−18;
G00 Z2;	X34;	Z−20;
T0101;	X36 W−1;	Z−22;
M03 S800;	Z−25.05;	Z−24;
G00 X42 Z1;	X41;	Z−24.9;
G01 X28 F0.3;	G00 X100;	T0101;
Z0;	Z100;	M03 S800;
X30 Z−1 F0.1;	M30;	G00 X41 Z1;
Z−15.05;		G01 X28 F0.3;
X34;		Z0;
X36 W−1;		X30 Z−1 F0.1;
Z−25.05;		Z−15.05;
X41;		X34;
G00 X100;		X36 W−1;
Z100;		Z−25.05;
M30;		X41;
		G00 X100;
		Z100;
		M30;

分析表 7-2 所列程序可得出，G90 指令适合长度尺寸较大的轴类零件，G94 指令适合长度尺寸较小的盘类零件及 X 方向上的余量较多的零件。

3. 注意事项

1）在固定循环切削过程中，M、S、T 功能都不能改变。

2）要按照操作步骤逐一进行相关训练，实习中对未涉及的问题及不明白之处要询问指导教师，切忌盲目加工。

3）尺寸及表面粗糙度值达不到要求时，要找出原因，知道正确的操作方法及注意事项。

4. 加工零件的质量检查及评分（表 7-3）

表 7-3 零件质量检查及评分

序号	项目	检测尺寸	配分	评分标准	自检	复检	得分
1	外圆	$\phi36_{-0.1}^{0}$ mm	15	超差不得分			
2	外圆	$\phi30_{-0.1}^{0}$ mm	15	超差不得分			
3	长度	$15_{0}^{+0.1}$ mm	10	超差不得分			
4	长度	$25_{0}^{+0.1}$ mm	10	超差不得分			
5	倒角	$C1$	10	不合格不得分			
6	表面粗糙度值	$Ra3.2\mu m$ 两处	10	不合格不得分			
7	安全文明生产		30				
学生签名：			教师签名：			总分：	

五、拓展练习

本拓展练习要求正确地确定零件的加工工艺，合理选择 G90 或 G94 指令编写该零件的加工程序，并完成零件的加工，自检后填写评分表。

（一）拓展练习 1

根据图 7-6 所示台阶轴完成拓展练习。

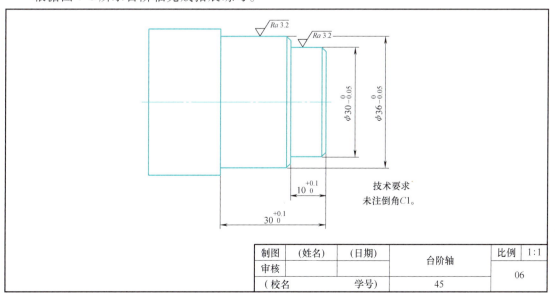

图 7-6 台阶轴

1. 确定加工步骤，填写加工工艺卡（表 7-4）

表 7-4　加工工艺卡

零件图号		材料		45 钢	毛坯尺寸	
零件名称		刀具	背吃刀量 a_p /mm	主轴转速 n /（r/min）	进给量 f /（mm/r）	设备型号	
工步	工步内容					工艺简图
1						
2						
3						
4						
5						
6						

2. 加工零件的质量检查及评分（表 7-5）

表 7-5　零件质量检查及评分

序号	项目	检测尺寸	配分	评分标准	自检	复检	得分
1	外圆	$\phi36_{-0.05}^{0}$ mm	15	超差不得分			
2	外圆	$\phi30_{-0.05}^{0}$ mm	15	超差不得分			
3	长度	$10_{0}^{+0.1}$ mm	10	超差不得分			
4	长度	$30_{0}^{+0.1}$ mm	10	超差不得分			
5	倒角	$C1$	10	不合格不得分			
6	表面粗糙度值	$Ra3.2\mu m$ 两处	10	不合格不得分			
7		安全文明生产	30				
学生签名：			教师签名：		总分：		

（二）拓展练习 2

根据图 7-7 所示锥度轴完成拓展练习。

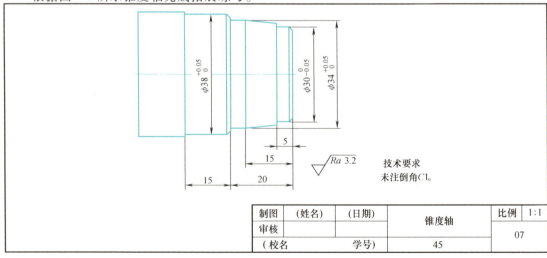

图 7-7　锥度轴

1. 确定加工步骤，填写加工工艺卡（表7-6）

表 7-6　加工工艺卡

零件图号					材料				毛坯尺寸	
零件名称				刀具	背吃刀量 a_p /mm	主轴转速 n /(r/min)	进给量 f /(mm/r)	设备型号		
工步	工步内容							工艺简图		
1										
2										
3										
4										
5										
6										

2. 加工零件的质量检查及评分（表7-7）

表 7-7　零件质量检查及评分

序号	项目	检测尺寸	配分	评分标准	自检	复检	得分
1	外圆	$\phi 38^{+0.05}_{0}$ mm	15	超差不得分			
2	外圆	$\phi 34^{+0.05}_{0}$ mm	15	超差不得分			
3	外圆	$\phi 30^{0}_{-0.05}$ mm	15	超差不得分			
4	长度	5mm	5	不合格不得分			
5	长度	15mm	10	不合格不得分			
6	长度	15mm	5	不合格不得分			
7	长度	20mm	10	不合格不得分			
8	倒角	$C1$	5	不合格不得分			
9	表面粗糙度值	$Ra3.2\mu m$	5	不合格不得分			
10	安全文明生产		15				
学生签名：		教师签名：			总分：		

六、实训思考题

1）车削圆锥面时，车刀安装得不正对工件中心，对工件加工质量有什么影响？

2）什么是锥度？什么是斜度？两者有什么区别？

3）单一固定循环指令的特点是什么？在使用单一固定循环指令 G90 和 G94 加工过程中，刀具运动轨迹的工作方式有什么区别？

4）简述零件加工工艺分析的步骤。

七、实训小结

完成实训项目的实训报告。

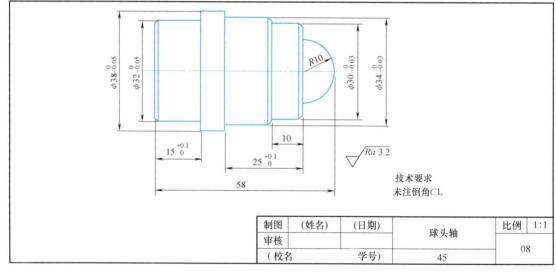

项目八　外（内）径复合循环

知识目标

1. 利用 G71、G70 指令编写简单程序。
2. 掌握外轮廓的加工工艺路线、刀具的选用和切削用量的确定方法。
3. 掌握 G41、G42、G40 指令在 G71、G70 中的应用。

技能目标

1. 熟练掌握数控机床的基本操作方法。
2. 掌握零件加工的尺寸控制和测量方法。

素养目标

根据数控车床安全操作规程，掌握文明、安全生产的要求，全面执行 8S 的现场管理制度，做好设备的保养和现场的管理，养成良好的职业习惯。

一、项目引入

编写图 8-1 所示球头轴的加工程序，填写加工工艺卡并完成零件的加工。

制图	（姓名）	（日期）	球头轴		比例	1:1
审核					08	
（校名		学号）		45		

图 8-1　球头轴

二、项目分析

1. 工艺分析

该零件由左端台阶轴和右端台阶轴组成。左端比较简单，右端由外圆、端面和半圆球组成，尺寸精度较高，加工时应分粗车和精车进行。由于加工余量较多，而且形状较复杂，如果用 G00、G01 和 G90 指令来进行编程，则编程难度很大，容易出错，因此为了简化程序、减少编程出错，可考虑用 G71 外（内）径循环指令进行编程。

76

2. 工具、量具及材料准备

1）刀具：90°外圆车刀一把。

2）量具：0～200mm 游标卡尺、25～50mm 外径千分尺各一套。

3）材料及规格：45 钢，ϕ40mm×60mm。

三、相关知识要点

1. G71 粗车循环指令介绍

格式：

G71 U（Δd）R（e）；

G71 P（ns）Q（nf）U（Δu）W（Δw）F（f）S（s）T（t）；

其中：

Δd——背吃刀量（半径指定）。

s——主轴转速。

t——刀补和刀号。

e——退刀行程。

ns——精加工轮廓程序段中的开始程序段号。

nf——精加工轮廓程序段中的结束程序段号。

Δu——X 方向精加工预留量的距离及方向（直径/半径）。

Δw——Z 方向精加工预留量的距离及方向。

G71 粗车循环的运动轨迹如图 8-2 所示。

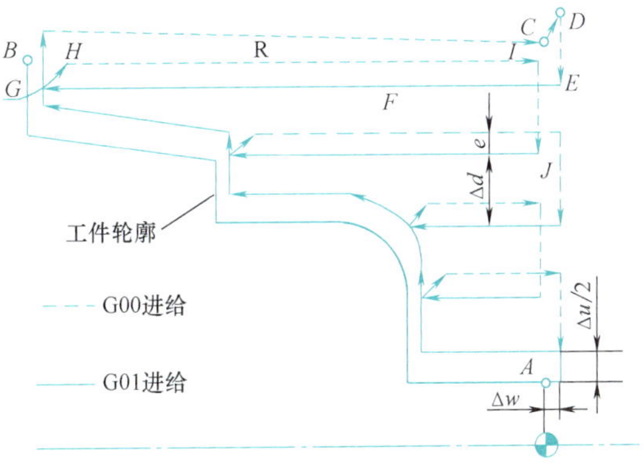

2. G70 精车循环指令介绍

格式：

G70 P（ns）Q（nf）F（f）；

其中：

ns——循环起点程序段号。

nf——循环终点程序段号。

f——精加工时的进给量。

四、项目实施

1. 确定加工步骤，填写加工工艺卡（表 8-1）

图 8-2　G71 粗车循环的运动轨迹

表 8-1　加工工艺卡

零件图号	08		材料		45 钢		毛坯尺寸	ϕ40mm×60mm
零件名称	球头轴	刀具	背吃刀量 a_p /mm	主轴转速 n /(r/min)	进给量 f /(mm/r)		设备型号	CK6140A
工步	工步内容					工艺简图		
1	车左端端面	T01	1	600				
2	粗车至 ϕ38.5mm×23mm，ϕ32.5mm×15mm	T01	1.5	600	0.2			
3	精加工外圆轮廓至尺寸要求	T01	0.25	800	0.1			

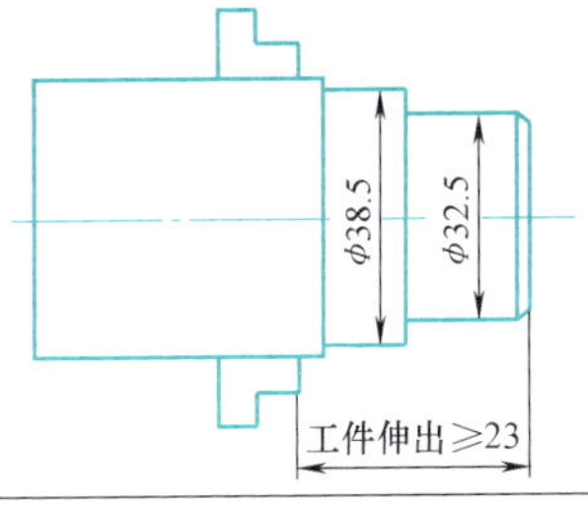

（续）

零件图号	08		材料	45 钢		毛坯尺寸	φ40mm×60mm
零件名称	球头轴	刀具	背吃刀量 a_p /mm	主轴转速 n /(r/min)	进给量 f /(mm/r)	设备型号	CK6140A
工步	工步内容					工艺简图	
4	调头装夹已加工 φ32mm 外圆						
5	车全长，控制全长尺寸 58mm	T01	1	600	0.2		
6	粗加工右端外圆轮廓各部分，外径留 0.5mm 余量	T01	1.5	600	0.2		
7	精加工右端外圆轮廓至尺寸要求	T01	0.25	800	0.1		
8	自检						

2. 编写加工程序（表 8-2）

表 8-2　加工程序

O0001；（左端）	O0002；（右端）
G99；	G99；
T0101 M08；	T0101 M08；
M03 S600；	M03 S600；
G00 X41 Z2；	G00 X41 Z2；
G71 U1.5 R1；	G71 U1.5 R1；
G71 P10 Q20 U0.5 W0.1 F0.2；	G71 P10 Q20 U0.5 W0.1 F0.2；
N10 G00 X30；	N10 G00 X0；
G01 G42 Z0 F0.2；	G01 G42 Z0 F0.2；
X32 Z-1 F0.1；	G03 X20 Z-10 R10 F0.1；
Z-15.05；	G01 X28；
X37；	X30 W-1；
X38 W-0.5；	Z-20；
Z-22；	X32；
X40；	X34 W-1；
N20 G00 G40 X41；	Z-35；
T0101；	X37；
M03 S800；	X39 W-1；
G00 X41 Z2；	X40；
G70 P10 Q20；	N20 G00 G40 X41；
G00 X100 Z200；	T0101；
M30；	M03 S800；
	G00 X41 Z2；
	G70 P10 Q20；
	G00 X100 Z100；
	M30；

3. 加工零件的质量检查及评分（表8-3）

表8-3 零件质量检查及评分

序号	项目	检测尺寸	配分	评分标准	自检	复检	得分
1	外圆	$\phi 38_{-0.05}^{0}$ mm	10	超差不得分			
2	外圆	$\phi 32_{-0.05}^{0}$ mm	10	超差不得分			
3	外圆	$\phi 34_{-0.03}^{0}$ mm	10	超差不得分			
4	外圆	$\phi 30_{-0.03}^{0}$ mm	10	超差不得分			
5	长度	$15_{0}^{+0.1}$ mm	10	超差不得分			
6	长度	$25_{0}^{+0.1}$ mm	10	超差不得分			
7	总长	58mm	5	不合格不得分			
8	长度	10mm	5	不合格不得分			
9	圆球	$R10$ mm	5	不合格不得分			
10	倒角	$C1$	5	不合格不得分			
11	表面粗糙度值	$Ra3.2\mu m$	5	不合格不得分			
12	安全文明生产		15				
学生签名：			教师签名：			总分：	

4. 注意事项

在实际操作过程中，应注意以下几点：

1）切削用量选择不合理、刀具刃磨不当会导致切屑不断屑，因此应合理选择切削用量及刃磨刀具。

2）利用G71指令编程时，N10起点循环程序段不能有Z方向移动指令。

3）按照操作步骤逐一进行相关训练，实习中对未涉及的问题及不明白之处要询问指导教师，切忌盲目加工。

4）尺寸及表面粗糙度值达不到要求时，要找出原因，知道正确的操作方法及注意事项。

5）严格按照数控车床的操作规程进行操作，防止人身、设备事故的发生。

6）在自动加工前应由实习指导教师检查各项调试是否正确。

五、拓展练习

本拓展练习要求正确地确定零件的加工工艺，正确地编写加工程序，并完成零件的加工，自检后填写评分表。

（一）拓展练习1

根据图8-3所示锥度轴完成拓展练习。

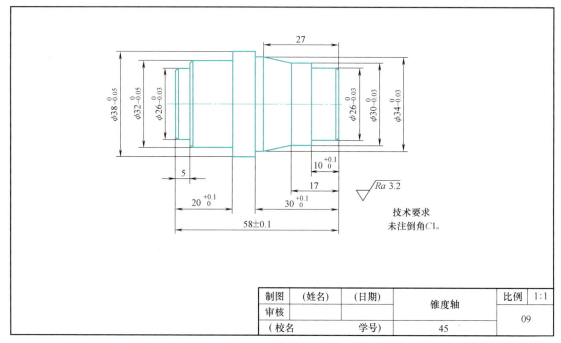

图 8-3　锥度轴（一）

1. 确定加工步骤，填写加工工艺卡（表 8-4）

表 8-4　加工工艺卡

零件图号		材料				毛坯尺寸	
零件名称		刀具	背吃刀量 a_p /mm	主轴转速 n /(r/min)	进给量 f /(mm/r)	设备型号	
工步	工步内容					工艺简图	
1							
2							
3							
4							
5							
6							
7							
8							
9							
10							
11							
12							

2. 加工零件的质量检查及评分（表 8-5）

表 8-5　零件质量检查及评分

序号	项目	检测尺寸	配分	评分标准	自检	复检	得分
1	外圆	$\phi38_{-0.05}^{0}$ mm	7	超差不得分			
2	外圆	$\phi32_{-0.05}^{0}$ mm	7	超差不得分			
3	外圆	$\phi26_{-0.03}^{0}$ mm	7	超差不得分			
4	外圆	$\phi34_{-0.03}^{0}$ mm	7	超差不得分			
5	外圆	$\phi30_{-0.03}^{0}$ mm	7	超差不得分			
6	外圆	$\phi26_{-0.03}^{0}$ mm	7	超差不得分			
7	长度	$10_{0}^{+0.1}$ mm	7	超差不得分			
8	长度	$20_{0}^{+0.1}$ mm	7	超差不得分			
9	长度	$30_{0}^{+0.1}$ mm	7	超差不得分			
10	总长	(58 ± 0.1) mm	7	超差不得分			
11	长度	5mm、17mm、27mm	6	不合格不得分			
12	倒角	$C1$	4	不合格不得分			
13	表面粗糙度值	$Ra3.2\mu m$	5	不合格不得分			
14	安全文明生产		15				
学生签名：			教师签名：			总分：	

（二）拓展练习 2

根据图 8-4 所示锥度轴完成拓展练习。

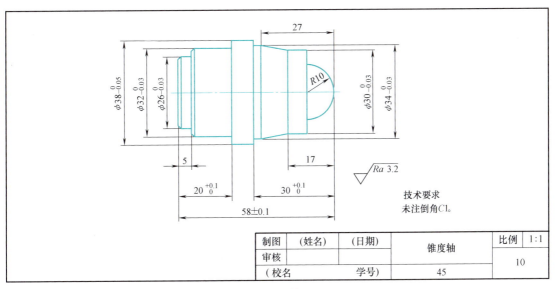

图 8-4　锥度轴（二）

1. 确定加工步骤，填写加工工艺卡（表 8-6）

表 8-6　加工工艺卡

零件图号				材料				毛坯尺寸	
零件名称			刀具	背吃刀量 a_p /mm	主轴转速 n /(r/min)	进给量 f /(mm/r)	设备型号		
工步		工步内容					工艺简图		
1									
2									
3									
4									
5									
6									
7									
8									
9									
10									
11									
12									

2. 加工零件的质量检查及评分（表 8-7）

表 8-7　零件质量检查及评分

序号	项目	检测尺寸	配分	评分标准	自检	复检	得分
1	外圆	$\phi 38_{-0.05}^{0}$ mm	8	超差不得分			
2	外圆	$\phi 32_{-0.03}^{0}$ mm	8	超差不得分			
3	外圆	$\phi 34_{-0.03}^{0}$ mm	8	超差不得分			
4	外圆	$\phi 30_{-0.03}^{0}$ mm	8	超差不得分			
5	外圆	$\phi 26_{-0.03}^{0}$ mm	8	超差不得分			
6	长度	$20_{0}^{+0.1}$ mm	8	超差不得分			
7	长度	$30_{0}^{+0.1}$ mm	8	超差不得分			
8	总长	(58 ± 0.1) mm	8	超差不得分			
9	圆球	$R10$ mm	8	不合格不得分			
10	长度	5mm、17mm、27mm	10	不合格不得分			
11	倒角	$C1$	4	不合格不得分			
12	表面粗糙度值	$Ra3.2\mu m$	4	不合格不得分			
13		安全文明生产	10				
学生签名：			教师签名：			总分：	

六、实训思考题

1）简述 G71 粗车循环指令的使用方法和优点。

2）简述在利用 G70 指令精加工零件时，如何利用刀具磨耗值控制尺寸精度。

七、实训小结

完成实训项目的实训报告。

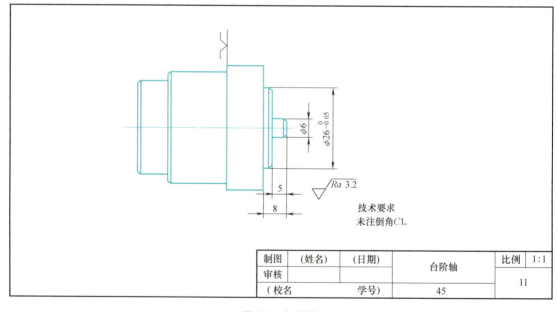

项目九 端面复合循环

知识目标

1. 利用 G72、G70 指令编写简单程序。
2. 掌握外轮廓的加工工艺路线、刀具的选用和切削用量的确定方法。
3. 掌握 G41、G42、G40 指令在 G72、G70 中的应用。

技能目标

1. 熟练掌握数控机床的基本操作方法。
2. 掌握零件加工的尺寸控制和测量方法。

素养目标

养成良好的安全文明生产意识。

一、项目引入

图 9-1 所示为台阶轴零件，编写加工程序，填写加工工艺卡，并完成零件的加工。

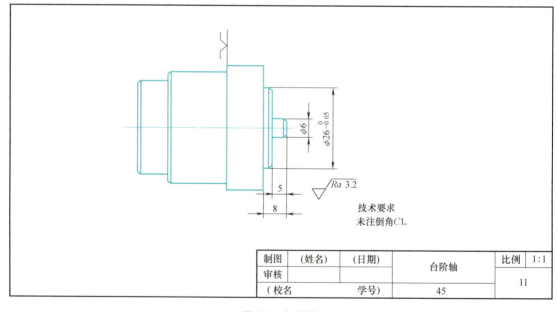

技术要求
未注倒角C1。

制图	(姓名)	(日期)	台阶轴	比例	1:1
审核					11
(校名	学号)		45		

图 9-1 台阶轴

二、项目分析

1. 工艺分析

该零件右端由外圆、端面组成，尺寸精度较高，台阶在长度方向比较短，台阶直径大小相差较大。加工时，如果用 G71 循环指令进行加工，粗加工时会反复进刀和退刀，加工轨迹不合理，因此可考虑用 G72、G70 端面循环指令进行编程加工。

2. 工具、量具及材料准备

1）刀具：90°外圆车刀一把。

2）量具：0~200mm 游标卡尺、25~50mm 外径千分尺各一套。

3）材料及规格：45 钢，ϕ50mm×50mm（项目七的材料反面）。

三、相关知识要点

1. G72 端面粗车复合循环指令介绍

格式：

G72 W（Δd）R（e）；

G72 P（ns）Q（nf）U（Δu）W（Δw）F（f）S（s）T（t）；

其中：

P（ns）、Q（nf）——从序号 ns 至 nf 的程序段，指定从 A 点至 B 点的移动指令。

s——主轴转速。

t——刀补和刀号。

Δd——切削深度（Z 方向）。

e——退刀行程（Z 方向）。

ns——精加工轮廓程序段中的开始程序段号。

nf——精加工轮廓程序段中的结束程序段号。

Δu——X 方向精加工余量（直径/半径）。

Δw——Z 方向精加工余量。

G72 循环示意图如图 9-2 所示。

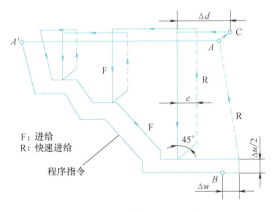

F：进给
R：快速进给
程序指令

图 9-2　G72 循环示意图

2. G70 精车循环指令介绍

格式：

G7 0P（ns）Q（nf）；

其中：

ns——循环起点程序段号。

nf——循环终点程序段号。

四、项目实施

1. 确定加工步骤，填写加工工艺卡（表 9-1）

表 9-1　加工工艺卡

零件图号	11		材料		45 钢		毛坯尺寸	$\phi50mm\times50mm$
零件名称	台阶轴		刀具	背吃刀量 a_p /mm	主轴转速 n /(r/min)	进给量 f /(mm/r)	设备型号	CK6140A
工步	工步内容						工艺简图	
1	车端面	T01	1	600	0.2			
2	粗车外圆轮廓各部，外径留余量 0.1mm，长度留 0.5mm	T01	1.5	600	0.2			
3	精加工外圆轮廓至尺寸要求	T01	0.5	800	0.1			
4	自检							

工艺简图标注：$\phi6$，$\phi26_{-0.05}^{0}$，5，8

2. 编写加工程序（表 9-2）

表 9-2　加工程序

O0001；	X6；
G99；	Z-1；
T0101 M08；	X4 Z0；
M03 S600；	X0；
G00 X42 Z1；	N20 G00 G40 Z1；
G72 W1.3 R1；	T0101；
G72 P10 Q20 U0.1 W0.5 F0.2；	M03 S800；
N10 G00 Z-8；	G00 X42 Z1；
G01 G41 X 26 F0.1；	G70 P10 Q20；
Z-6；	G00 X100 Z100；
X24 Z-5；	M30；

3. 注意事项

在实际操作过程中，应注意以下几点：

1）切削用量选择不合理、排屑不通畅会导致崩刃，刀具刃磨不当会导致切屑不断屑，因此应合理选择切削用量及刀具。

2）利用 G72 指令加工时 N10 起点循环程序段不能有向 X 方向移动的指令。

3）尺寸及表面粗糙度达不到要求时，要找出原因，知道正确的操作方法及注意事项。

4）严格按照数控车床的操作规程进行操作，防止人身、设备事故的发生。

5）在自动加工前应由实习指导教师检查各项调试是否正确。

4. 加工零件的质量检查及评分（表9-3）

表 9-3　零件质量检查及评分

序号	项目	检测尺寸	配分	评分标准	自检	复检	得分
1	外圆	$\phi26_{-0.05}^{0}$ mm	20	超差不得分			
2	外圆	$\phi6$ mm	20	不合格不得分			
3	长度	5mm	10	不合格不得分			
4	长度	8mm	10	不合格不得分			
5	倒角	$C1$	5	不合格不得分			
6	表面粗糙度值	$Ra3.2\mu m$	5	不合格不得分			
7	安全文明生产		30				
学生签名：			教师签名：		总分：		

五、拓展练习

本拓展练习要求正确地确定零件的加工工艺，正确地编写加工程序，并完成零件的加工，自检后填写评分表。

（一）拓展练习1

根据图9-3所示的锥度轴完成拓展练习。

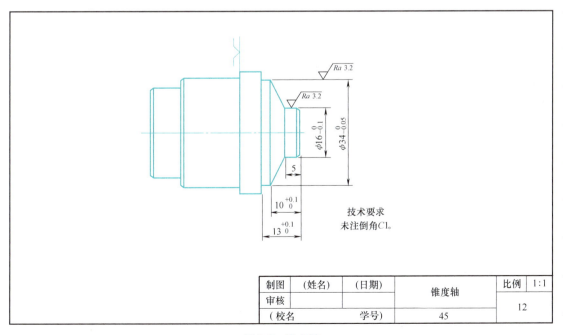

图 9-3　锥度轴

1. 确定加工步骤，填写加工工艺卡（表 9-4）

表 9-4　加工工艺卡

零件图号					材料				毛坯尺寸	
零件名称			刀具	背吃刀量 a_p /mm	主轴转速 n /(r/min)		进给量 f /(mm/r)		设备型号	
工步	工步内容								工艺简图	
1										
2										
3										
4										
5										

2. 加工零件的质量检查及评分（表 9-5）

表 9-5　零件质量检查及评分

序号	项目	检测尺寸	配分	评分标准	自检	复检	得分
1	外圆	$\phi 34_{-0.05}^{0}$ mm	15	超差不得分			
2	外圆	$\phi 16_{-0.1}^{0}$ mm	15	超差不得分			
3	长度	5mm	10	超差不得分			
4	长度	$10_{0}^{+0.1}$ mm	10	超差不得分			
5	长度	$13_{0}^{+0.1}$ mm	10	超差不得分			
6	倒角	$C1$	5	不合格不得分			
7	表面粗糙度值	$Ra3.2\mu m$ 两处	5	不合格不得分			
8	安全文明生产		30				
学生签名：			教师签名：			总分：	

（二）拓展练习 2

根据图 9-4 所示圆弧轴完成拓展练习。

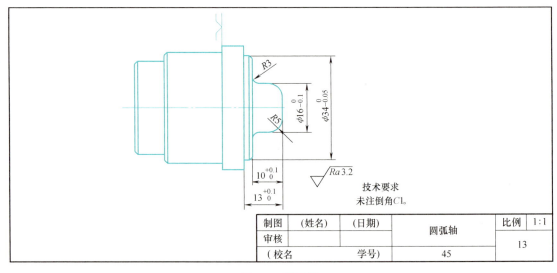

制图	（姓名）	（日期）		圆弧轴	比例	1:1
审核						
（校名）		学号）	45			13

图 9-4　圆弧轴

1. 确定加工步骤，填写加工工艺卡（表9-6）

表9-6　加工工艺卡

零件图号				材料				毛坯尺寸	
零件名称			刀具	背吃刀量 a_p /mm	主轴转速 n /(r/min)	进给量 f /(mm/r)	设备型号		
工步	工步内容						工艺简图		
1									
2									
3									
4									
5									

2. 加工零件的质量检查及评分（表9-7）

表9-7　零件质量检查及评分

序号	项目	检测尺寸	配分	评分标准	自检	复检	得分
1	外圆	$\phi 34_{-0.05}^{0}$ mm	10	超差不得分			
2	外圆	$\phi 16_{-0.1}^{0}$ mm	10	超差不得分			
3	长度	$10_{0}^{+0.1}$ mm	10	超差不得分			
4	长度	$13_{0}^{+0.1}$ mm	10	超差不得分			
5	圆弧	$R3$mm	10	不合格不得分			
6	圆弧	$R5$mm	10	不合格不得分			
7	倒角	$C1$	5	不合格不得分			
8	表面粗糙度值	$Ra3.2\mu m$	5	不合格不得分			
9	安全文明生产		30				
学生签名：			教师签名：			总分：	

六、实训思考题

1）简述 G72 端面粗车循环指令的使用方法和优点。

2）常见的圆锥和圆弧加工误差有哪些？

七、实训小结

完成实训项目的实训报告。

项目十　切槽与切断

知识目标

1. 掌握切槽加工的工艺特点和相关知识。

2. 利用 G75、G01 指令编写切槽加工程序。

技能目标

1. 能选择合适的指令进行切槽编程加工。

2. 掌握零件加工的尺寸控制和测量方法。

素养目标

养成良好的安全文明生产意识。

一、项目引入

图 10-1 所示为台阶轴零件，编写加工程序，填写加工工艺卡，并完成零件的加工。

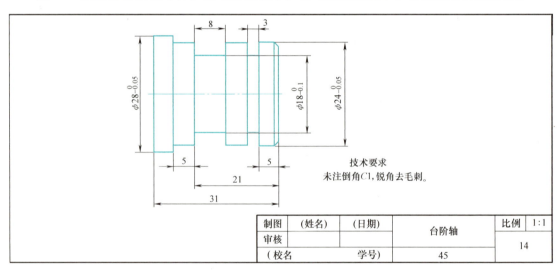

技术要求
未注倒角C1，锐角去毛刺。

制图	(姓名)	(日期)	台阶轴	比例	1:1
审核					14
(校名		学号)	45		

图 10-1　台阶轴（一）

二、项目分析

1. 工艺分析

该零件需加工宽 3mm、深 3mm 的槽和宽 8mm、深 3mm 的槽，宽 3mm 的槽可以用 3mm 切槽刀一刀车出来，但宽 8mm 的槽如果用 3mm 切槽刀直接加工，则需要反复在 Z 方向平移多次车削才能加工出来，这样会导致编程复杂，容易出错。如果用 G75 切槽循环指令进行编程加工，则可简化程序，避免编程出错。

2. 工具、量具及材料准备

1）刀具：90°外圆车刀、3mm 切槽刀各一把。

2）量具：0~200mm 游标卡尺、25~50mm 外径千分尺各一套。

3）材料及规格：45 钢，ϕ40mm×50mm。

三、相关知识要点

1. 切槽的分类

切槽常分为：切外沟槽、切内沟槽、切端面槽，如图 10-2 所示。

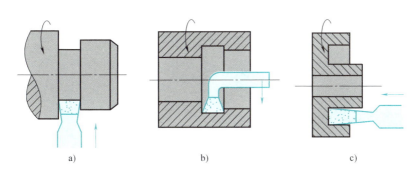

a)   b)   c)

图 10-2   切槽的分类

a）切外沟槽   b）切内沟槽   c）切端面槽

2. G75 内外径切槽循环指令

格式：

G75 R（e）；

G75 X（u）Z（w）P（Δi）Q（Δk）R（Δd）F（f）；

其中：

e——后退量（作用为断屑和减振）。

X——切槽终点 X 坐标。

Z——切槽终点 Z 坐标。

Δi——X 方向切深再退 "R（e）" 的量。

Δk——Z 方向的移动量。

f——进给率。

G75 循环示意图如图 10-3 所示。

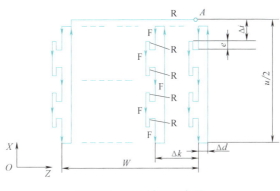

图 10-3   G75 循环示意图

3. G74 端面切槽循环指令

格式:

G74 R (e);

G74 X (u) Z (w) P (Δi) Q (Δk) R (Δd) F (f);

其中:

e——后退量(作用为断屑和减振)。

X——切槽终点 X 坐标。

Z——切槽终点 Z 坐标。

Δi——X 方向的移动量。

Δk——Z 方向切深再退 "R (e)" 的量。

f——进给率。

G74 循环示意图如图 10-4 所示。

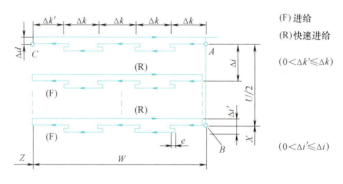

图 10-4　G74 循环示意图

四、项目实施

1. 确定加工步骤,填写加工工艺卡(表 10-1)

表 10-1　加工工艺卡

零件图号	14	刀具	背吃刀量 a_p /mm	主轴转速 n /(r/min)	进给量 f /(mm/r)	设备型号	CK6140A
零件名称	台阶轴						
工步	工步内容					工艺简图	
1	车端面	T01	1	600	0.2		
2	粗车外圆轮廓各部分,外径留 0.5mm 余量	T01	1.5	600	0.2		
3	精加工外圆轮廓至尺寸要求	T01	0.25	800	0.1		
4	切槽 3mm、8mm	T03		400	0.05		
5	切断	T03		400	0.05		
6	自检						

2. 编写加工程序（表 10-2）

表 10-2　加工程序

O0001；（G01 方式切槽）	O0002；（G75 方式切槽）
G99；	G99；
T0101 M08；	T0101 M08；
M03 S600；	M03 S600；
G00 X42 Z1；	G00 X42 Z1；
G71 U1.3 R 1；	G71 U1.3 R 1；
G71 P10 Q20 U0.5 F0.2；	G71 P10 Q20 U0.5 F0.2；
N10 G00 X22；	N10 G00 X22；
G01 G42 Z0 F0.2；	G01 G42 Z0 F0.2；
X24 Z-1 F0.1；	X24. Z-1 F0.1；
Z-26；	Z-26；
X27；	X27；
X28 W-0.5；	X28 W-0.5；
Z-35；	Z-35；
X40；	X40；
N20 G00 G40 X42；	N20 G00 G40 X42；
T0101；	T0101；
M03 S800；	M03 S800；
G00 X42 Z1；	G00 X42 Z1；
G70 P10 Q20；	G70 P10 Q20；
G00 X100 Z100；	G00 X100 Z100；
T0303；	T0303；
M03 S400；	M03 S400；
G00 X26 Z-8；	G00 X25 Z-8；
G01 X24.5 F0.3；	G75 R0.5；
X18 F0.05；	G75 X18 Z-8 P2000 Q100 F0.05；（Q 如果设为 0 会报警）
X25 F0.3；	T0303；
G00 Z-16；	M03 S400；
G01 X24.5 F0.3；	G00 X25 Z-16；
X18 F0.05；	G75 R0.5；
X24.5 F0.3；	G75 X18 Z-21 P2000 Q2000 F0.05；
Z-18.5 F1；	G00 X30；

（续）

X18 F0.05;	Z-34;
X24.5 F0.3;	T0303;
Z-20.5;	M03 S400;
X18 F0.05;	G00 X28.5 Z-34;
X24.5 F0.3;	G75 R0.5;
Z-21;	G75 X3 Z-34 P2000 Q100 F0.05;
X18 F0.05;	G00 X100 Z100;
X25 F0.3;	M30;
G00 X30;	
Z-34;	
G01 X28.5 F0.3;	
X3 F0.05;	
X29 F0.3;	
G00 X100 Z100;	
M30;	

3. 注意事项

在实际操作过程中，应注意以下几点：

1）切削用量选择不合理、排屑不通畅会导致崩刃，刀具刃磨不当会导致切屑不断屑，因此应合理选择切削用量及刀具。

2）利用 G75 指令切断时，由于 Z 方向不平移，如果 Q 设为 0，有的系统会报警。

3）对刀时，注意切槽刀的编程刀位点为左刀尖。

4）内孔加工时，应注意换刀点的位置应远离工件，否则会在换刀和快速靠近工件时撞到工件。

5）切削用量的选取要考虑车床、刀具的刚性，避免加工时引起振动或在工件表面产生振纹，达不到工件表面质量要求。

6）加工零件过程中一定要提高警惕，将手放在"进给暂停"按钮上，如遇紧急情况，可迅速按下"进给暂停"按钮，防止意外事故发生。

7）执行 G75 循环指令加工时，程序段前循环点的位置，就是加工起始位置，也是 G75 指令循环加工结束时刀具返回的终点位置。

8）X 方向和 Z 方向间断切削时，如最后余量小于指定长度值，就按余量值进行间断切削加工。

9）Δd 为切削至终点的退刀量。退刀方向与 Z 方向的进给方向相反。通常情况下，因加工槽时，刀具两侧无间隙，无退让距离，所以一般 Δd 取零值或省略。

4. 加工零件的质量检查及评分（表 10-3）

表 10-3　零件质量检查及评分

序号	项目	检测尺寸	配分	评分标准	自检	复检	得分
1	外圆	$\phi 28_{-0.05}^{0}$mm	10	超差不得分			
2	外圆	$\phi 24_{-0.05}^{0}$mm	10	超差不得分			
3	外圆	$\phi 18_{-0.1}^{0}$mm	10	超差不得分			
4	长度	5mm 两处	10	不合格不得分			
5	槽宽	8mm	10	不合格不得分			
6	槽宽	3mm	10	不合格不得分			
7	长度	21mm	5	不合格不得分			
8	长度	31mm	5	不合格不得分			
9	倒角	C1	5	不合格不得分			
10	安全文明生产		25				
学生签名：			教师签名：			总分：	

五、拓展练习

本拓展练习要求正确地确定零件的加工工艺，正确地编写加工程序，并完成零件的加工，自检后填写评分表。

（一）拓展练习 1

根据图 10-5 所示台阶轴完成拓展训练。

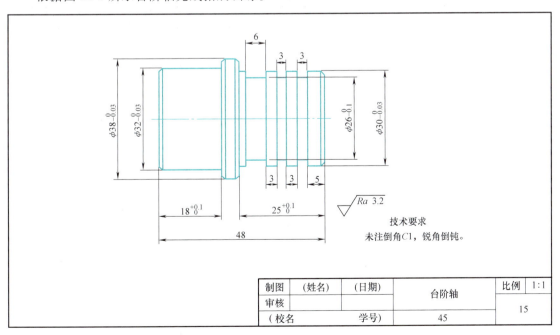

技术要求

未注倒角C1，锐角倒钝。

制图	（姓名）	（日期）	台阶轴	比例	1:1
审核					15
（校名		学号）	45		

图 10-5　台阶轴（二）

1. 确定加工步骤，填写加工工艺卡（表10-4）

表10-4 加工工艺卡

零件图号				材料				毛坯尺寸	
零件名称			刀具	背吃刀量 a_p /mm	主轴转速 n /(r/min)	进给量 f /(mm/r)		设备型号	
工步	工步内容							工艺简图	
1									
2									
3									
4									
5									
6									
7									
8									
9									
10									
11									
12									
13									
14									

2. 加工零件的质量检查及评分（表10-5）

表10-5 零件质量检查及评分

序号	项目	检测尺寸	配分	评分标准	自检	复检	得分
1	外圆	$\phi 38_{-0.03}^{0}$ mm	6	超差不得分			
2	外圆	$\phi 32_{-0.03}^{0}$ mm	6	超差不得分			
3	外圆	$\phi 30_{-0.03}^{0}$ mm	6	超差不得分			
4	外圆	$\phi 26_{-0.1}^{0}$ mm	6	超差不得分			
5	长度	$18_{0}^{+0.1}$ mm	6	超差不得分			
6	长度	$25_{0}^{+0.1}$ mm	6	超差不得分			
7	总长	48mm	6	不合格不得分			
8	槽宽	3mm	10	不合格不得分			
9	槽宽	3mm	10	不合格不得分			
10	槽宽	6mm	10	不合格不得分			
11	厚度	3mm、3mm、5mm	6	不合格不得分			
12	倒角	C1	3	不合格不得分			
13	表面粗糙度值	$Ra3.2\mu m$	4	不合格不得分			
14	安全文明生产		15				

学生签名：　　　　　　　　　　教师签名：　　　　　　　　总分：

（二）拓展练习 2

根据图 10-6 所示台阶轴完成拓展练习。

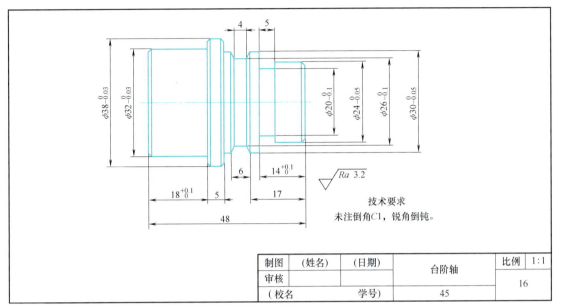

制图	（姓名）	（日期）	台阶轴		比例	1:1
审核						16
（校名		学号）		45		

图 10-6 台阶轴（三）

1. 确定加工步骤，填写加工工艺卡（表 10-6）

表 10-6 加工工艺卡

零件图号				材料			毛坯尺寸	
零件名称		刀具	背吃刀量 a_p /mm	主轴转速 n /(r/min)	进给量 f /(mm/r)	设备型号		
工步	工步内容						工艺简图	
1								
2								
3								
4								
5								
6								
7								
8								
9								
10								
11								
12								
13								
14								

2. 加工零件的质量检查及评分（表 10-7）

表 10-7 零件质量检查及评分

序号	项目	检测尺寸	配分	评分标准	自检	复检	得分
1	外圆	$\phi 38_{-0.03}^{0}$ mm	6	超差不得分			
2	外圆	$\phi 32_{-0.03}^{0}$ mm	6	超差不得分			
3	外圆	$\phi 30_{-0.05}^{0}$ mm	6	超差不得分			
4	外圆	$\phi 26_{-0.1}^{0}$ mm	6	超差不得分			
5	外圆	$\phi 24_{-0.05}^{0}$ mm	6	超差不得分			
6	外圆	$\phi 20_{-0.1}^{0}$ mm	6	超差不得分			
7	长度	$18_{0}^{+0.1}$ mm	6	超差不得分			
8	长度	$14_{0}^{+0.1}$ mm	6	超差不得分			
9	总长	48mm	6	不合格不得分			
10	槽宽	5mm	10	不合格不得分			
11	槽宽	6mm、4mm	10	不合格不得分			
12	厚度	5mm	2	不合格不得分			
13	长度	17mm	2	不合格不得分			
14	倒角	C1	2	不合格不得分			
15	表面粗糙度值	$Ra3.2\mu m$	5	不合格不得分			
16	安全文明生产		15				
学生签名：			教师签名：			总分：	

六、实训思考题

1）简述切断加工的特点。

2）切断实心或空心零件时，切断刀的刀头宽度及刀头长度应怎样计算？

3）切断时有哪些注意事项？

4）简述内切槽刀的安装方法及注意事项。

七、实训小结

完成实训项目的实训报告。

项目十一　外螺纹的加工

知识目标

1. 掌握常用螺纹的编程指令并能合理选择相关指令编制加工程序。

2. 掌握螺纹加工的工艺特点和切削参数的选择方法。

3. 掌握常用螺纹加工指令的适用范围及编程方法。

技能目标

1. 熟练掌握在数控车床上加工螺纹的基本方法。

2. 掌握零件加工的尺寸控制和测量方法。

素养目标

养成良好的安全文明生产意识。

一、项目引入

图 11-1 所示为螺纹轴，编写加工程序，填写加工工艺卡，并完成零件的加工。

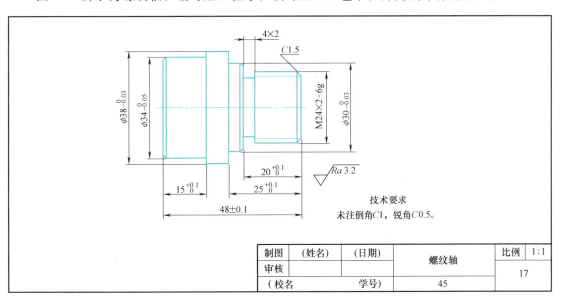

制图	（姓名）	（日期）	螺纹轴	比例	1:1
审核					17
（校名		学号）	45		

图 11-1　螺纹轴（一）

二、项目分析

1. 工艺分析

该零件为螺纹轴，先加工左端台阶，再调头加工右端台阶，还需加工 4mm×2mm 螺纹退刀槽，并加工 M24×2 的普通螺纹。该螺纹适用等距螺纹切削指令 G32、螺纹切削固定循环指令 G92 和螺纹复合加工指令 G76 进行加工。

2. 工具、量具及材料准备

1）刀具：90°外圆车刀、3mm 切槽刀、60°外螺纹车刀各一把。

2）量具：0～200mm 游标卡尺、25～50mm 外径千分尺、螺纹千分尺、螺纹环规各一套。

3）材料及规格：45 钢，$\phi40mm\times50mm$。

三、相关知识要点

（一）螺纹车刀的选择和螺纹加工的进给方式

数控螺纹车刀及加工的零件如图 11-2 所示，螺纹加工的进给方式如图 11-3 所示。

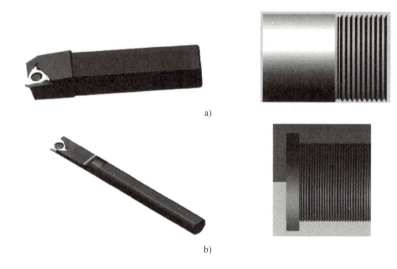

图 11-2　数控螺纹车刀及加工的零件

a）外螺纹车刀及零件　b）内螺纹车刀及零件

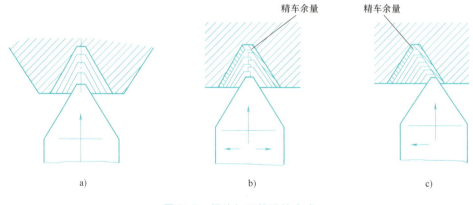

图 11-3　螺纹加工的进给方式

a）直进法　b）左右切削法　c）斜进法

（二）螺纹车刀的装夹

装夹螺纹车刀时应注意以下几点：

1）装夹车刀时，刀尖高度一般应对准工件中心。

2）刀头不应伸出过长，一般为 20～25mm（约为刀杆厚度的 1.5 倍）；内螺纹车刀的刀头加上刀杆后的径向长度应比螺纹底孔直径小 3~5mm，以免退刀时碰伤牙顶。

3）车刀刀尖角的对称中心线必须与工件轴线垂直。

图 11-4 所示为螺纹车刀的安装。

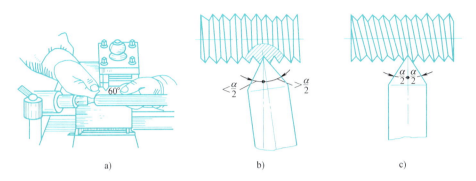

a)　　　　　　　　　b)　　　　　　　　　c)

图 11-4　螺纹车刀的安装

a）用样板校正刀型与工件垂直　b）刀具装歪　c）刀尖齿形对称并垂直于工件轴线

（三）螺纹的测量和检查

1. 大径的测量

螺纹大径的公差较大，一般可用游标卡尺或千分尺测量。

2. 螺距的测量

螺距一般可用钢直尺测量。如果螺距较小，可先量 10 个螺距，然后除以 10 得出一个螺距的大小。螺距较大的可以只量 2~4 个，然后求一个螺距。

3. 中径的测量

精度较高的普通螺纹，可用螺纹千分尺测量，所测得的值就是该螺纹中径实际尺寸。

4. 综合测量

用螺纹环规综合检查普通外螺纹。首先对螺纹的直径、螺距、牙型和表面粗糙度进行检查，然后用螺纹环规测量外螺纹的尺寸精度。如果环规通端正好旋入，而止端不能旋入，则说明螺纹精度符合要求。

（四）编程理论

1. G32 等距螺纹切削指令

格式：

G32 X（U）__ Z（W）__ F __;

其中：

X、Z——绝对坐标编程时螺纹终点坐标值；

U、W——相对坐标编程时螺纹终点相对起点的增量值；

　　F——螺纹导程。

2. G33 多线螺纹切削指令

格式：

G33 X（U）__ Z（W）__ F __ P __;

其中：

X、Z——绝对坐标编程时螺纹终点坐标值；

U、W——相对坐标编程时螺纹终点相对起点的增量值；

F——螺纹导程；

P——螺纹线数和起始角，非模态值，每次使用必须指定，起始角度为 0. 001°，不能指定小数。

3. G34 变螺距螺纹切削指令

格式：

G34 X（U）__ Z（W）__ F__ K__；

其中：

X、Z——绝对坐标编程时螺纹终点坐标值；

U、W——相对坐标编程时，螺纹终点相对起点的增量值；

F——螺纹导程；

K——主轴每转螺距的增量或减量。

4. G92 螺纹切削固定循环指令

格式：

G92 X（U）__ Z（W）__ R__ F__；

其中：

X、Z——绝对坐标编程时螺纹终点坐标值；

U、W——相对坐标编程时螺纹终点相对起点的增量值；

R——加工圆锥螺纹时，螺纹起点与终点的半径差；加工圆柱螺纹时，R 值为 0，可省略；

F——螺纹导程。

G92 循环示意图如图 11-5 所示。

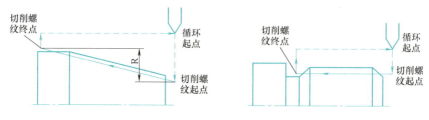

图 11-5　G92 循环示意图

5. G76 内（外）螺纹切削复合循环指令

格式：

G0 X α_1 Z β_1；

G76 P $m\gamma\theta$ Q$\Delta d_{\min}$ RΔc；

G76 X α_2 Z β_2 R I P h QΔd F I；

其中：

α_1、β_1——螺纹切削循环起始点坐标。在 X 方向切削外螺纹时，应比螺纹大径大 1~2mm；在切削内螺纹时，应比螺纹小径小 1~2mm。在 Z 方向必须考虑空刀导入量；

m——精加工重复次数，可以为 1~99 次；

γ——螺纹尾部倒角量（斜向退刀），00~99 个单位，取 01 则退 0. 11×导程（单位：mm）；

θ——螺纹刀尖的角度（螺纹牙型角），可选择 80°、60°、55°、30°、29°、0° 六个种类；

Δd_{min}——切削时的最小背吃刀量，半径值，单位为 mm；

Δc——精加工余量，半径值，单位为 mm；

α_2——螺纹底径值（外螺纹为小径值，内螺纹为大径值），直径值，单位为 mm；

β_2——螺纹 Z 方向终点位置坐标，必须考虑空刀导出量；

I——螺纹部分的半径差，与 G92 中的 I 相同；I 为 0 时，为直螺纹切削；

h——螺纹的牙深，按 $h = 0.65P$ 进行计算，半径值，单位为 mm；

Δd——第一次背吃刀量，半径值，单位为 mm；

F——螺纹导程，单位为 mm；

G76 指令的循环路线和进给方式如图 11-6 所示。

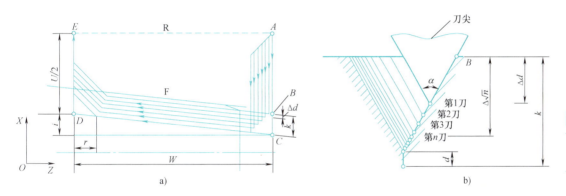

图 11-6　G76 指令的循环路线和进给方式

a）循环路线　b）进给方式

四、项目实施

1. 确定加工步骤，填写加工工艺卡（表 11-1）

表 11-1　加工工艺卡

零件图号	17		材料	45 钢		毛坯尺寸	$\phi40mm×50mm$
零件名称	螺纹轴	刀具	背吃刀量 a_p /mm	主轴转速 n /(r/min)	进给量 f /(mm/r)	设备型号	CK6140A
工步	工步内容					工艺简图	
1	车端面	T01	1	600	0.2		
2	粗车左端外圆轮廓各部分,外径留 0.5mm 余量	T01	1.5	600	0.2		
3	精加工左端外圆轮廓至尺寸要求	T01	0.25	800	0.1	工件伸出≥27	

（续）

零件图号	17		材料	45 钢		毛坯尺寸	φ40mm×50mm
零件名称	螺纹轴	刀具	背吃刀量 a_p /mm	主轴转速 n /(r/min)	进给量 f /(mm/r)	设备型号	CK6140A
工步	工步内容					工艺简图	
4	调头装夹已加工 φ34mm×15mm 台阶						
5	车全长,控制全长尺寸 48mm	T01	1	600	0.2		
6	粗车右端外圆轮廓各部分,外径留 0.5mm 余量	T01	1.5	600	0.2		
7	精车右端外圆轮廓至尺寸要求	T01	0.25	800	0.1		
8	切槽 4mm×2mm	T02		400	0.05		
9	车 M24×2-6g 螺纹	T03		400			
10	自检						

2. 编写加工程序 （表 11-2）

表 11-2　加工程序（外圆轮廓与切槽程序省略）

O0001（G32 编程）；	O0002（G92 编程）；	O0003（G76 编程）；
T0303 M08；	T0303 M08；	T0303 M08；
M03 S400；	M03 S400；	M03 S400；
G00 X27 Z5；	G00 X27 Z5；	G00 X27 Z5；
X23.4；	G92 X23.4 Z−18 F2；	G76 P010260 Q100 R0.1；
G32 X23.4 Z−18 F2；	X22.9 F2；	G76 X21.4 Z−18 P1400 Q500 F2；
G00 X27；	X22.5 F2；	G00 X100 Z100；
Z5；	X22.1 F2；	M30；
X22.9；	X21.8 F2；	
G32 X22.9 Z−18 F2；	X21.5 F2；	
G00 X27；	X21.4 F2；	
Z5；	G00 X100 Z100；	
X22.5；	M30；	
G32 X22.5 Z−18 F2；		
G00 X27；		
Z5；		
X22.1；		
G32 X22.1 Z−18 F2；		
G00 X27；		
Z5；		
X21.8；		
G32 X21.8 Z−18 F2；		
G00 X27；		

（续）

Z5；		
X21.5；		
G32 X21.5 Z-18 F2；		
G00 X27；		
Z5；		
X21.4；		
G32 X21.4 Z-18 F2；		
G00 X100；		
Z100；		
M30；		

3. 注意事项

在实际操作过程中，应注意以下几点：

1）安全第一。实训必须在教师的指导下，严格按照数控车床的安全操作规程，有步骤地进行。

2）工件装夹必须牢靠。

3）机床在试运行前必须进行图形模拟加工，避免程序错误、刀具碰撞工件或卡盘。

4）车床空载运行时，注意检查车床各部分运行状况。

5）对刀时，注意内槽车刀的编程刀位点为左刀尖。

6）加工时，应注意换刀点的位置不能太靠近工件，否则会在换刀和快速靠近工件时撞到工件。

7）严禁在车床主轴旋转过程中，用棉纱擦拭螺纹表面，以免发生事故。

8）在执行车削螺纹程序段时，不允许中途进行随机暂停操作，以免发生伤人事故或损坏机床。

4. 加工零件的质量检查及评分（表 11-3）

表 11-3　零件质量检查及评分

序号	项目	检测尺寸	配分	评分标准	自检	复检	得分
1	外圆	$\phi 38_{-0.03}^{0}$ mm	8	超差不得分			
2	外圆	$\phi 30_{-0.03}^{0}$ mm	8	超差不得分			
3	外圆	$\phi 34_{-0.05}^{0}$ mm	8	超差不得分			
4	长度	$15_{0}^{+0.1}$ mm	7	超差不得分			
5	长度	$20_{0}^{+0.1}$ mm	7	超差不得分			
6	长度	$25_{0}^{+0.1}$ mm	7	超差不得分			
7	总长	（48±0.1）mm	7	超差不得分			
8	槽宽	4mm×2mm	5	不合格不得分			
9	螺纹	M24×2-6g	15	不合格不得分			
10	倒角	C1.5、C1、C0.5	3	不合格不得分			
11	表面粗糙度值	Ra3.2μm	5	不合格不得分			
12	安全文明生产		20				
学生签名：			教师签名：			总分：	

五、拓展练习

本任务要求正确地确定零件的加工工艺，编写加工程序，并完成零件的加工，自检后填写评分表。

（一）拓展练习1

根据图 11-7 所示螺纹轴完成拓展练习。

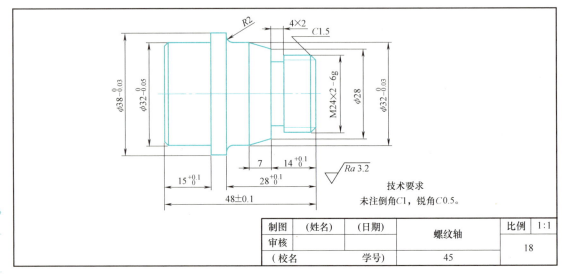

图 11-7　螺纹轴（二）

1. 确定加工步骤，填写加工工艺卡（表 11-4）

表 11-4　加工工艺卡

零件图号		材料				毛坯尺寸	
零件名称		刀具	背吃刀量 a_p /mm	主轴转速 n /(r/min)	进给量 f /(mm/r)	设备型号	
工步	工步内容					工艺简图	
1							
2							
3							
4							
5							
6							
7							
8							
9							
10							
11							
12							
13							

2. 加工零件的质量检查及评分（表 11-5）

表 11-5　零件质量检查及评分

序号	项目	检测尺寸	配分	评分标准	自检	复检	得分
1	外圆	$\phi38_{-0.03}^{0}$ mm	6	超差不得分			
2	外圆	$\phi32_{-0.03}^{0}$ mm	6	超差不得分			
3	外圆	$\phi32_{-0.05}^{0}$ mm	6	超差不得分			
4	圆锥台	$\phi28$ mm、7 mm	6	不合格不得分			
5	长度	$15_{0}^{+0.1}$ mm	6	超差不得分			
6	长度	$14_{0}^{+0.1}$ mm	6	超差不得分			
7	长度	$28_{0}^{+0.1}$ mm	6	超差不得分			
8	总长	(48 ± 0.1) mm	6	超差不得分			
9	槽宽	4 mm×2 mm	6	不合格不得分			
10	螺纹	M24×2-6g	15	不合格不得分			
11	圆角	$R2$ mm	3	不合格不得分			
12	倒角	C1.5、C1、C0.5	3	不合格不得分			
13	表面粗糙度值	$Ra3.2\mu m$	5	不合格不得分			
14	安全文明生产		20				
学生签名：			教师签名：		总分：		

（二）拓展练习 2

根据图 11-8 所示螺纹轴完成拓展练习。

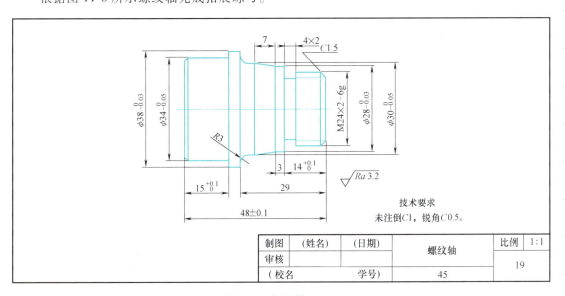

图 11-8　螺纹轴（三）

1. 确定加工步骤，填写加工工艺卡（表 11-6）

表 11-6 加工工艺卡

零件图号			材料				毛坯尺寸	
零件名称			刀具	背吃刀量 a_p /mm	主轴转速 n /(r/min)	进给量 f /(mm/r)	设备型号	
工步	工步内容						工艺简图	
1								
2								
3								
4								
5								
6								
7								
8								
9								
10								
11								
12								
13								
14								

2. 加工零件的质量检查及评分（表 11-7）

表 11-7 零件质量检查及评分

序号	项目	检测尺寸	配分	评分标准	自检	复检	得分
1	外圆	$\phi 38_{-0.03}^{0}$ mm	6	超差不得分			
2	外圆	$\phi 28_{-0.03}^{0}$ mm	6	超差不得分			
3	外圆	$\phi 34_{-0.05}^{0}$ mm	6	超差不得分			
4	外圆	$\phi 30_{-0.05}^{0}$ mm	6	超差不得分			
5	长度	$15_{0}^{+0.1}$ mm	6	超差不得分			
6	长度	$14_{0}^{+0.1}$ mm	6	超差不得分			
7	长度	29mm	6	不合格不得分			
8	长度	3mm、7mm	6	不合格不得分			
9	总长	(48±0.1)mm	6	超差不得分			
10	槽宽	4mm×2mm	6	不合格不得分			
11	螺纹	M24×2-6g	10	不合格不得分			
12	圆角	$R3$mm	2	不合格不得分			
13	倒角	$C1.5$、$C1$、$C0.5$	3	不合格不得分			
14	表面粗糙度值	$Ra3.2\mu$m	5	不合格不得分			
15		安全文明生产	20				
学生签名：			教师签名：			总分：	

（三）拓展练习 3

根据图 11-9 所示螺纹轴完成拓展练习。

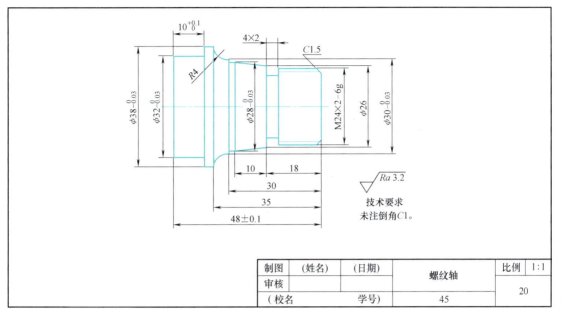

图 11-9 螺纹轴（四）

1. 确定加工步骤，填写加工工艺卡（表 11-8）

表 11-8 加工工艺卡

零件图号			材料				毛坯尺寸	
零件名称			刀具	背吃刀量 a_p /mm	主轴转速 n /(r/min)	进给量 f /(mm/r)	设备型号	
工步	工步内容						工艺简图	
1								
2								
3								
4								
5								
6								
7								
8								
9								
10								
11								
12								
13								
14								

2. 加工零件的质量检查及评分（表 11-9）

表 11-9　零件质量检查及评分

序号	项目	检测尺寸	配分	评分标准	自检	复检	得分
1	外圆	$\phi 38_{-0.03}^{0}$ mm	8	超差不得分			
2	外圆	$\phi 32_{-0.03}^{0}$ mm	8	超差不得分			
3	外圆	$\phi 30_{-0.03}^{0}$ mm	8	超差不得分			
4	外圆	$\phi 28_{-0.03}^{0}$ mm	8	超差不得分			
5	长度	$10_{0}^{+0.1}$ mm	8	超差不得分			
6	长度	18mm，10mm	6	不合格不得分			
7	长度	30mm，35mm	6	不合格不得分			
8	总长	（48±0.1）mm	8	超差不得分			
9	槽宽	4mm×2mm	4	不合格不得分			
10	螺纹	M24×2-6g	10	不合格不得分			
11	圆角	R4mm	2	不合格不得分			
12	锥度	ϕ26mm	6	不合格不得分			
13	倒角	C1.5、C1	3	不合格不得分			
14	表面粗糙度值	Ra3.2μm	5	不合格不得分			
15	安全文明生产		10				
学生签名：			教师签名：			总分：	

六、实训思考题

1）怎样正确安装螺纹车刀？

2）车削螺纹时，应注意哪些安全事项？

3）车削螺纹时产生扎刀是什么原因，怎样预防？

4）在编程时，为什么要设置足够的升速进刀段和降速退刀段？

5）简述在数控车床上车削螺纹的工作原理。

6）G32、G92 直进式切削方法和 G76 斜进式切削方法各有什么优缺点？

7）螺纹的检测常用哪些方法？

8）车削螺纹时，常见故障及其解决方法有哪些？

七、实训小结

完成实训项目的实训报告。

项目十二　封闭轮廓复合循环

知识目标

1. 利用 G73、G70 指令编写简单程序。
2. 掌握外轮廓的加工工艺路线、刀具的选用和切削用量的确定方法。
3. 掌握 G41、G42、G40 指令在 G73、G70 中的应用。

技能目标

1. 熟练掌握在数控车床上利用 G73 指令编制加工程序的基本方法。
2. 掌握零件加工的尺寸控制和测量方法。

素养目标

养成良好的安全文明生产意识。

一、项目引入

图 12-1 所示为手柄零件，编写加工程序，填写工艺卡，并完成零件的加工。材料及规格为：45 钢，$\phi40\text{mm}\times50\text{mm}$。

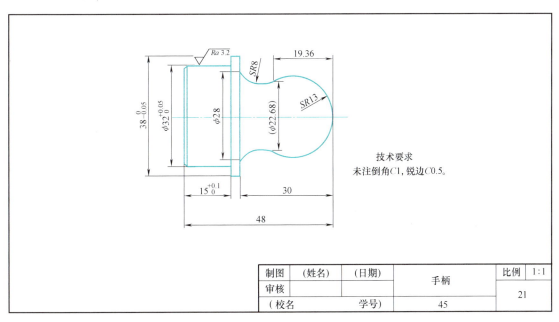

制图	(姓名)	(日期)		手柄		比例	1:1
审核							21
(校名		学号)		45			

图 12-1　手柄

二、项目分析

1. 工艺分析

如图 12-1 所示，先加工左端 $\phi32\text{mm}\times15\text{mm}$ 台阶，再加工右端球头。右端由 $SR13\text{mm}$ 的球头和 $SR8\text{mm}$ 的凹形圆球组成，因为 G71 循环指令进行加工时 X 方向只能递增，不能

111

递减，因此不能用 G71 指令循环加工，只能选择封闭轮廓复合循环 G73 指令进行编程加工。

2. 工具、量具及材料准备

1）刀具：90°外圆车刀、90°刀尖角外圆车刀各一把。

2）量具：0~200mm 游标卡尺、25~50mm 外径千分尺各一套。

3）材料及规格：45 钢，ϕ40mm×50mm。

三、相关知识要点

G73 指令适用于毛坯轮廓形状与零件轮廓形状基本接近时的粗车。利用该循环，可以按同一轨迹重复切削，每次切削刀具向前移动一次，因此对于锻造、铸造和异形可加工表面等粗加工已初步形成的毛坯件，可以按形状轮廓加工。

格式：

G73 U（Δi）W（Δk）R（Δd）;

G73 P（ns）Q（nf）U（Δu）W（Δw）F__ S__ T__;

其中：

Δi——X 轴方向退出距离和方向（半径值）；

Δk——Z 轴方向退出距离和方向；

Δd——粗车循环次数；

ns——精加工路线中开始程序段的段号；

nf——精加工路线中结束程序段的段号；

Δu——X 轴方向精加工余量（直径值）；

Δw——Z 轴方向精加工余量。

当用 G73 指令粗加工工件后，用 G70 指令来指定精车循环，切除粗加工中留下的余量。

G70 P（ns）Q（nf）F__;

其中：

ns——精加工轮廓程序段中开始程序段的段号；

nf——精加工轮廓程序段中结束程序段的段号。

G73 指令循环示意图如图 12-2 所示。

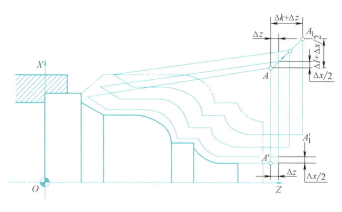

图 12-2　G73 指令循环示意图

四、项目实施

1. 确定加工步骤，填写加工工艺卡（表 12-1）

表 12-1　加工工艺卡

零件图号	21		材料	45 钢		毛坯尺寸	$\phi40mm\times50mm$
零件名称	手柄		背吃刀量 a_p /mm	主轴转速 n/ (r/min)	进给量 f/ (mm/r)	设备型号	CK6140A
工步	工步内容	刀具				工艺简图	
1	工件伸出长度大于 23mm，夹紧						
2	车端面	T01	1	600	0.2		
3	粗车 $\phi38.5mm\times20mm$，$\phi32.5mm\times15mm$ 台阶	T01	1.5	600	0.2		
4	精车 $\phi38mm\times20mm$，$\phi32mm\times15mm$ 台阶至尺寸要求	T01	0.25	800	0.1		
5							
6							
7	调头装夹已加工 $\phi32mm\times15mm$ 台阶						
8	车全长，控制全长尺寸 48mm	T01	1	600	0.2		
9	粗加工右端外圆轮廓各部分，外径留 0.5mm 余量	T01	1.5	600	0.2		
10	精加工右端外圆轮廓至尺寸要求	T01	0.25	800	0.1		
11	自检						

工件伸出≥23

2. 编写加工程序（表 12-2）

表 12-2　加工程序

O0001；（左端）	O0002；（右端）
G99；	G99；
T0101 M08；	T0101 M08；
M03 S600；	M03 S600；
G00 X41 Z2；	G00 X41 Z2；
G71 U1.5 R1；	G73 U21 R15；
G71 P10 Q20 U0.5 W0.1 F0.2；	G73 P10 Q20 U0.5 W0 F0.2；
N10 G00 X30；	N10 G00 X0；
G01 G42 Z0 F0.2；	G01 G42 Z0 F0.2；
X32 Z-1 F0.1；	G03 X22.68 Z-19.36 R13 F0.1；

（续）

Z-15.05；	G02 X28 Z-30 R8；
X37；	G01 X37；
X38 W-0.5；	X39 W-1；
Z-20；	N20 G00 G40 X41；
X40；	T0101；
N20 G00 G40 X41；	M03 S800；
T0101；	G00 X41 Z2；
M03 S800；	G70 P10 Q20；
G00 X41 Z2；	G00 X100 Z100；
G70 P10 Q20；	M30；
G00 X100 Z100；	
M30；	

3. 注意事项

1）G73 指令可以加工凹形轮廓。

2）G73 指令循环的起刀点要大于毛坯外径。

3）X 方向的总切削余量是用毛坯外径减去加工轮廓循环中的最小直径值。

4）尺寸及表面粗糙度值达不到要求时，要找出原因，知道正确的操作方法及注意事项。

5）严格按照数控车床的操作规程进行操作，防止人身、设备事故的发生。

6）在自动加工前应由指导教师检查各项调试是否正确。

4. 加工零件的质量检查及评分（表 12-3）

表 12-3　零件质量检查及评分

序号	项目	检测尺寸	配分	评分标准	自检	复检	得分
1	外圆	$\phi38_{-0.05}^{0}$ mm	10	超差不得分			
2	外圆	$\phi32_{0}^{+0.05}$ mm	10	超差不得分			
3	外圆	$\phi28$ mm	10	不合格不得分			
4	长度	$15_{0}^{+0.1}$ mm	10	超差不得分			
5	总长	48mm	5	不合格不得分			
6	长度	30mm	5	不合格不得分			
7	圆球	$SR13$ mm	10	不合格不得分			
8	圆球	$SR8$ mm	10	不合格不得分			
9	倒角	$C1$、$C0.5$	5	不合格不得分			
10	表面粗糙度值	$Ra3.2\mu$m	5	不合格不得分			
11	安全文明生产		20				
学生签名：			教师签名：			总分：	

五、拓展练习

本拓展练习要求正确地确定零件的加工工艺，正确地编写加工程序，并完成零件的加工，自检后填写评分表。

（一）拓展练习1

根据图 12-3 所示圆弧轴完成拓展练习。

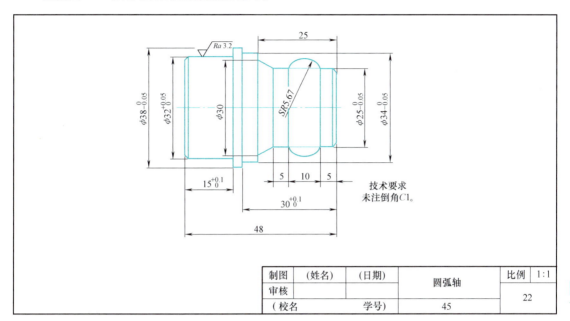

图 12-3　圆弧轴（一）

1. 确定加工步骤，填写加工工艺卡（表 12-4）

表 12-4　加工工艺卡

零件图号		材料			毛坯尺寸	
零件名称		刀具	背吃刀量 a_p /mm	主轴转速 n/ (r/min)	进给量 f/ (mm/r)	设备型号
工步	工步内容					工艺简图
1						
2						
3						
4						
5						
6						
7						
8						
9						
10						
11						
12						
13						

2. 加工零件的质量检查及评分（表 12-5）

表 12-5　零件质量检查及评分

序号	项目	检测尺寸	配分	评分标准	自检	复检	得分
1	外圆	$\phi 38_{-0.05}^{0}$ mm	8	超差不得分			
2	外圆	$\phi 32_{0}^{+0.05}$ mm	8	超差不得分			
3	外圆	$\phi 25_{-0.05}^{0}$ mm.	8	超差不得分			
4	外圆	$\phi 34_{-0.05}^{0}$ mm	8	超差不得分			
5	长度	$15_{0}^{+0.1}$ mm	8	超差不得分			
6	长度	$30_{0}^{+0.1}$ mm	8	超差不得分			
7	长度	25mm	5	不合格不得分			
8	长度	5mm、5mm、10mm	6	不合格不得分			
9	总长	48mm	5	不合格不得分			
10	圆球	$SR5.67$mm	12	不合格不得分			
11	倒角	$C1$	4	不合格不得分			
12	表面粗糙度值	$Ra3.2\mu$m	5	不合格不得分			
13	安全文明生产		15				
学生签名：			教师签名：			总分：	

（二）拓展练习 2

根据图 12-4 所示圆弧轴完成拓展练习。

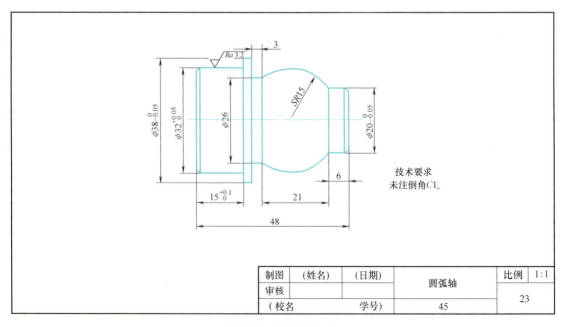

技术要求
未注倒角C1。

制图	（姓名）	（日期）	圆弧轴	比例	1:1
审核					23
（校名		学号）	45		

图 12-4　圆弧轴（二）

1. 确定加工步骤,填写加工工艺卡 (表 12-6)

表 12-6 加工工艺卡

零件图号			材料			毛坯尺寸	
零件名称			刀具	背吃刀量 a_p /mm	主轴转速 n/ (r/min)	进给量 f/ (mm/r)	设备型号
工步	工步内容						工艺简图
1							
2							
3							
4							
5							
6							
7							
8							
9							
10							
11							
12							
13							

2. 加工零件的质量检查及评分 (表 12-7)

表 12-7 零件质量检查及评分

序号	项目	检测尺寸	配分	评分标准	自检	复检	得分
1	外圆	$\phi38_{-0.05}^{0}$ mm	10	超差不得分			
2	外圆	$\phi32_{0}^{+0.05}$ mm	10	超差不得分			
3	外圆	$\phi20_{-0.05}^{0}$ mm	10	超差不得分			
4	外圆	$\phi26$ mm	8	不合格不得分			
5	长度	$15_{0}^{+0.1}$ mm	8	超差不得分			
6	长度	21mm	5	不合格不得分			
7	长度	6mm、3mm	8	不合格不得分			
8	总长	48mm	8	不合格不得分			
9	圆球	$SR15$ mm	10	不合格不得分			
10	倒角	$C1$	3	不合格不得分			
11	表面粗糙度值	$Ra3.2\mu m$	5	不合格不得分			
12	安全文明生产		15				

学生签名: 　　　　　　　　教师签名: 　　　　　　　　总分:

六、实训思考题

1）G73 指令有什么特点？

2）G73 指令一般在什么情况下使用？

七、实训小结

完成实训项目的实训报告。

项目十三　孔 的 加 工

知识目标

1. 了解孔的加工工艺和加工方法。

2. 能够运用合理的编程指令编写内孔加工程序。

3. 掌握 G41、G42、G40 在孔加工中的应用。

技能目标

1. 熟练掌握钻头和内孔镗刀的安装方法及对刀操作方法。

2. 掌握内孔的尺寸控制和测量方法。

3. 掌握内孔的加工和操作方法。

素养目标

养成良好的安全文明生产意识。

一、项目引入

图 13-1 所示为轴套零件，编写加工程序，填写工艺卡，并完成零件的加工。

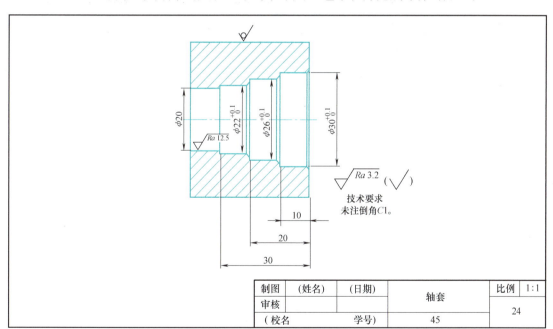

技术要求
未注倒角C1。

制图	（姓名）	（日期）	轴套	比例	1:1
审核					24
（校名		学号）	45		

图 13-1　轴套（一）

二、项目分析

1. 工艺分析

该零件为轴套，由四个台阶孔组成，加工时应先钻 ϕ20mm 通孔，再分别镗出 ϕ22mm、

$\phi26mm$、$\phi30mm$ 的台阶内孔。因为有多个台阶，所以采用 G71 粗加工循环指令进行粗车，再用 G70 指令进行精加工，可简化程序，避免出错。

2. 工具、量具及材料准备

1）刀具：90°外圆车刀、$\phi20mm$ 麻花钻、镗刀、内螺纹车刀、$\phi16mm$ 内孔车刀各一把。

2）量具：0~200mm 游标卡尺、25~50mm 外径千分尺、25~50mm 内径千分尺各一套。

3）材料及规格：45 钢，$\phi50mm×40mm$。

三、相关知识要点

1）孔加工时，掌握手动操作钻头、钻套在机床尾座中的安装方法和加工过程中进给量、排屑、尺寸控制等技能的训练。

2）自动孔加工时，掌握钻柄套夹在刀架上的正确安装、对刀的操作和参数值的准确输入等技能训练。

3）熟练掌握 G71 内（外）圆粗精车复合循环指令的格式、进给路线及运用。

四、项目实施

1. 确定加工步骤，填写加工工艺卡（表 13-1）

表 13-1　加工工艺卡

零件图号	24		材料	45 钢	毛坯尺寸	$\phi50mm×40mm$
零件名称	轴套	刀具	背吃刀量 a_p /mm	主轴转速 n/ (r/min)	设备型号	CK6140A
工步	工步内容			进给量 f/ (mm/r)	工艺简图	
1	车端面	T01	1	600	0.2	
2	钻 $\phi22mm$ 通孔	麻花钻		400		
3	粗加工零件内孔轮廓各部分，留 0.3mm 余量	T03	1.5	600	0.2	
4	精加工零件内孔轮廓至尺寸要求	T03	0.25	800	0.1	
5	自检					

2. 编写加工程序（表 13-2）

表 13-2　加工程序

O0001;	X26 W-1;
G99;	Z-20;
T0303 M08;	X24;

（续）

M03 S500；	X22 W−1；
G00 X19 Z2；	X20；
G71 U1.3 R1；	N20 G00 G40 X19；
G71 P10 Q20 U−0.3 F0.2；	T0303；
N10 G00 X32；	M03 S800；
G01 G41 Z0 F0.2；	G00 X19 Z2；
X30 Z−1 F0.1；	G70 P10 Q20；
Z−10；	G00 Z100 X100；
X28；	M30；

3. 注意事项

1）安全第一。实训必须在教师的指导下，严格按照数控车床的安全操作规程，有步骤地进行。

2）车床空载运行时，注意检查车床各部分的运行状况。

3）加工套类零件时，刀架上装有孔加工刀具，对换刀位置应慎重思考后确定。

4）镗刀换刀时，应回到设定的换刀点，否则会与工件或卡盘碰撞。

5）车锥面时刀具刀尖一定要与工件轴线等高，否则车出工件圆锥素线呈双曲线形。

4. 加工零件的质量检查及评分（表 13-3）

表 13-3　零件质量检查及评分

序号	项目	检测尺寸	配分	评分标准	自检	复检	得分
1	内孔	$\phi30^{+0.1}_{0}$ mm	10	超差不得分			
2	内孔	$\phi26^{+0.1}_{0}$ mm	10	超差不得分			
3	内孔	$\phi22^{+0.1}_{0}$ mm	10	超差不得分			
4	长度	10mm	5	不合格不得分			
5	长度	20mm	5	不合格不得分			
6	长度	30mm	5	不合格不得分			
7	内孔	$\phi20$mm	10				
8	倒角	$C1$	10	不合格不得分			
9	表面粗糙度值	$Ra3.2\mu m$、$Ra12.5\mu m$	10	不合格不得分			
10	安全文明生产		25				

学生签名：　　　　　　　　教师签名：　　　　　　　　总分：

五、拓展练习

本拓展练习要求正确地确定零件的加工工艺，正确地编写加工程序，并完成零件的加工，自检后填写评分表。

（一）拓展与练习1

根据图 13-2 所示轴套完成拓展练习。

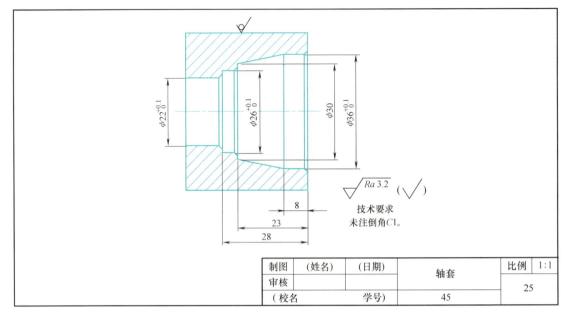

制图	（姓名）	（日期）	轴套		比例	1：1
审核						25
（校名）		学号）		45		

图 13-2　轴套（二）

1. 确定加工步骤，填写加工工艺卡（表 13-4）

表 13-4　加工工艺卡

零件图号		材料				毛坯尺寸	
零件名称		刀具	背吃刀量 a_p /mm	主轴转速 n/ (r/min)	进给量 f/ (mm/r)	设备型号	
工步	工步内容					工艺简图	
1							
2							
3							
4							
5							
6							

2. 加工零件的质量检查及评分（表 13-5）

表 13-5　零件质量检查及评分

序号	项目	检测尺寸	配分	评分标准	自检	复检	得分
1	内孔	$\phi 36^{+0.1}_{0}$ mm	10	超差不得分			
2	内孔	$\phi 26^{+0.1}_{0}$ mm	10	超差不得分			
3	内孔	$\phi 22^{+0.1}_{0}$ mm	10	超差不得分			
4	长度	8mm	9	不合格不得分			
5	长度	23mm	8	不合格不得分			
6	长度	28mm	8	不合格不得分			
7	倒角	C1	10	不合格不得分			
8	表面粗糙度值	$Ra3.2\mu m$	10	不合格不得分			
9	安全文明生产		25				
学生签名：			教师签名：			总分：	

（二）拓展练习 2

根据图 13-3 所示螺母完成拓展练习。

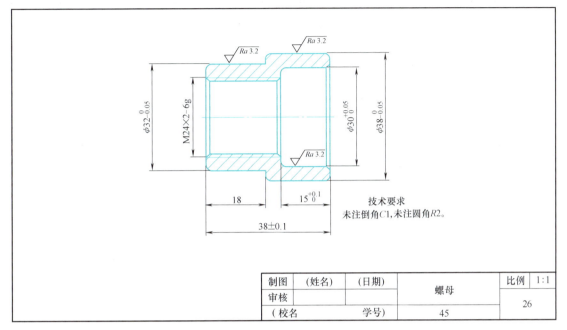

制图	（姓名）	（日期）	螺母		比例	1:1
审核						26
（校名		学号）		45		

图 13-3 螺母（一）

1. 确定加工步骤，填写加工工艺卡（表 13-6）

表 13-6 加工工艺卡

零件图号			材料			毛坯尺寸	
零件名称		刀具	背吃刀量 a_p /mm	主轴转速 n/ (r/min)	进给量 f/ (mm/r)	设备型号	
工步	工步内容					工艺简图	
1							
2							
3							
4							
5							
6							
7							
8							
9							
10							
11							
12							
13							

2. 加工零件的质量检查及评分（表 13-7）

表 13-7　零件质量检查及评分

序号	项目	检测尺寸	配分	评分标准	自检	复检	得分
1	外圆	$\phi 38^{\ 0}_{-0.05}$ mm	10	超差不得分			
2	外圆	$\phi 32^{\ 0}_{-0.05}$ mm	10	超差不得分			
3	内孔	$\phi 30^{+0.05}_{\ 0}$ mm	10	超差不得分			
4	长度	$15^{+0.1}_{\ 0}$ mm	10	超差不得分			
5	总长	（38±0.1）mm	10	超差不得分			
6	长度	18mm	5	不合格不得分			
7	圆角	R2mm	5	不合格不得分			
8	螺纹	M24×2-6g	15	不合格不得分			
9	倒角	C1	5	不合格不得分			
10	表面粗糙度值	Ra3.2μm 三处	5	不合格不得分			
11	安全文明生产		15				
学生签名：			教师签名：			总分：	

（三）拓展练习 3

根据图 13-4 所示螺母完成拓展练习。

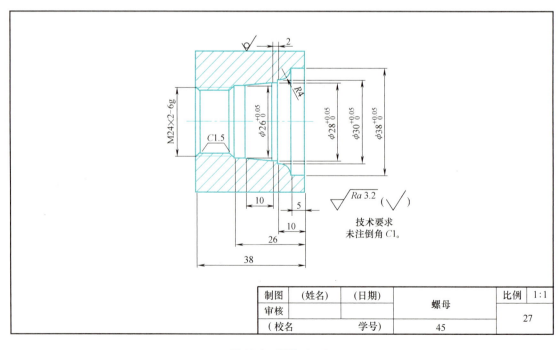

制图	（姓名）	（日期）	螺母	比例	1:1
审核					27
（校名		学号）	45		

图 13-4　螺母（二）

1. 确定加工步骤，填写加工工艺卡（表 13-8）

表 13-8 加工工艺卡

零件图号			材料					毛坯尺寸	
零件名称			刀具	背吃刀量 a_p /mm	主轴转速 n/ (r/min)	进给量 f/ (mm/r)		设备型号	
工步	工步内容							工艺简图	
1									
2									
3									
4									
5									
6									

2. 加工零件的质量检查及评分（表 13-9）

表 13-9 零件质量检查及评分

序号	项目	检测尺寸	配分	评分标准	自检	复检	得分
1	内孔	$\phi 38^{+0.05}_{0}$ mm	10	超差不得分			
2	内孔	$\phi 30^{+0.05}_{0}$ mm	10	超差不得分			
3	内孔	$\phi 28^{+0.05}_{0}$ mm	10	超差不得分			
4	内孔	$\phi 26^{+0.05}_{0}$ mm	10	超差不得分			
5	长度	26mm	5	不合格不得分			
6	长度	38mm	5	超差不得分			
7	螺纹	M24×2-6g	10	不合格不得分			
8	倒角	$C1$、$C1.5$	5	不合格不得分			
9	表面粗糙度值	$Ra3.2\mu m$	10	不合格不得分			
10	安全文明生产		25				
学生签名：		教师签名：			总分：		

六、实训思考题

1）麻花钻由哪几个部分组成？

2）为什么孔将要钻穿时，钻头的进给量要小一些？

3）为什么镗内孔比车外圆要困难？

4）镗孔的关键技术问题是什么？怎样改善镗刀的刚性？

5）安装刀具时，为什么镗刀刀尖要装得比工件轴线稍高一些？

七、实训小结

完成实训项目的实训报告。

模块二　中级综合训练

项目十四　综合训练一

知识目标

1. 能正确分析和制订零件的加工工艺。
2. 能熟练运用各功能指令，正确编写零件的加工程序。
3. 能正确选用刀具和量具。

技能目标

1. 能熟练装夹刀具和对刀操作方法。
2. 会进行加工零件的尺寸控制和切削用量的选择。

素养目标

1. 养成良好的安全文明生产意识。
2. 达到车工中级国家职业资格标准要求，具备职业生涯发展的基本素质与能力。

一、项目引入

图 14-1 所示为螺纹轴零件，本项目要求正确地确定零件的加工工艺，正确地编写加工程序，并完成零件的加工。

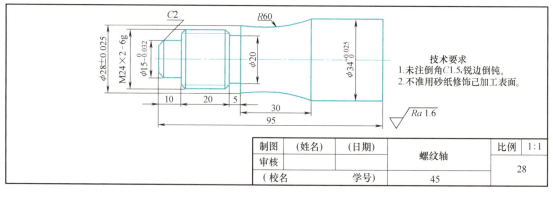

图 14-1　螺纹轴（一）

二、项目分析

1. 工艺分析

该零件为螺纹轴，主要由外圆、外圆弧、外槽和外螺纹组成，分左、右两端，因此必须调头加工。表面质量要求较高，表面粗糙度值为 $Ra1.6\mu m$，因此要安排粗车和精车加工，应先加工右端 $\phi34^{+0.025}_{0}$ mm 外圆，然后调头装夹此已加工外圆，注意工件伸出长度足够左端位置的加工。装夹后加工左端各部分。

2. 工具、量具及材料准备

1）刀具：90°外圆车刀、3mm 切槽车刀、外螺纹车刀各一把。

2）量具：0～200mm 游标卡尺、25～50mm 外径千分尺各一套。

3）材料及规格：45 钢，$\phi40mm\times97mm$。

三、项目实施

1. 确定加工步骤，填写加工工艺卡（表 14-1）

表 14-1　加工工艺卡

零件图号	28		材料		45 钢		毛坯尺寸		$\phi40mm\times97mm$
零件名称	螺纹轴		刀具	背吃刀量 a_p /mm	主轴转速 n/ (r/min)	进给量 f/ (mm/r)	设备型号		CK6140A
工步	工步内容						工艺简图		
1	工件伸出长度大于 35mm，夹紧								
2	车端面		T01	1	600	0.2			
3	粗车 $\phi34.5$mm 外圆		T01	1.5	600				
4	精车 $\phi34^{+0.025}_{0}$mm 外圆至尺寸		T01	0.25	800	0.1			
5	倒角 $C1.5$、$C2$		T01		600	0.1			
6	调头装夹已加工 $\phi34$mm 外圆								
7	车全长，控制全长 95mm		T01	1	600				
8	粗车左端外圆轮廓各部分，留 0.5mm 余量		T01	1.5	600	0.2			
9	精车左端外圆轮廓至尺寸		T01	0.25	800	0.1			
10	切槽		T02		400	0.05			
11	车螺纹		T03		500	2			
12	自检								

2. 编写加工程序（表 14-2、表 14-3）

表 14-2　右端加工程序

O0001;	Z-33;
G99;	X40;
T0101 M08;	N20 G00 G40 X41;
M03 S600;	T0101;
G00 X41 Z2;	M03 S800;
G71 U1.5 R1;	G00 X41 Z2;

（续）

G71 P10 Q20 U0.5 W0.1 F0.2;	G70 P10 Q20;
N10 G00 X33;	G00 X100 Z100;
G01 G42 Z0. F0.2;	M30;
X34 Z−0.5 F0.1;	

表 14-3　左端加工程序

O0002;	G00 X28 Z−32;
G99;	G01 Z−35 F0.3;
T0101 M08;	G02 X34 Z−65 R60 F0.1;
M03 S600;	G01 X35 W−0.5;
G00 X41 Z2;	G00 X150 Z30;
G71 U1.5 R1;	T0202;
G71 P10 Q20 U0.5 W0.1 F0.2;	M03 S400;
N10 G00 X11;	G00 X29 Z−33;
G01 G42 Z0 F0.2;	G01 X20 F0.05;
X15 Z−2 F0.1;	X29 F0.3;
X21;	Z−35;
X23.85 W−1.5;	X20 F0.1;
Z−35;	Z−33;
X28;	X25 F0.3;
X34 Z−65;	G00 X150 Z30;
X35 Z−66;	T0303;
X40;	M03 S500;
N20 G00 G40 X41;	G00 X27 Z0;
T0101;	G76 P020260 Q100 R0.1;
M03 S800;	G76 X21.4 Z−32 P1400 Q500 F2;
G00 X41 Z2;	G00 X150 Z30;
G70 P10 Q20;	M30;

3. 零件质量检查及评分（表 14-4）

表 14-4　零件质量检查及评分

序号	项目	检测尺寸	配分	评分标准	自检	复检	得分
1	螺纹	M24×2-6g 大径:$\phi 24^{-0.038}_{-0.318}$mm	15	超差不得分			
2	螺纹	M24×2-6g 小径:$\phi 21.4^{-0.038}_{-0.250}$mm	15	超差不得分			
3	外圆	$\phi 15^{0}_{-0.032}$mm	10	超差不得分			
4	外圆	$\phi 34^{+0.025}_{0}$mm	10	超差不得分			
5	外圆	$\phi(28\pm0.025)$mm	10	超差不得分			
6	圆弧	R60mm	5	不合格不得分			
7	槽	$\phi 20$mm×5mm	5	不合格不得分			
8	长度	10mm、20mm、30mm	5	不合格不得分			
9	总长	95mm	4	不合格不得分			
10	倒角	C2、C1.5	6	不合格不得分			
11	表面粗糙度值	Ra1.6μm	5	不合格不得分			
12	安全文明生产		10				
学生签名：			教师签名：			总分：	

四、拓展练习

本拓展练习要求正确地确定零件的加工工艺，正确地编写加工程序，并完成零件的加工，自检后填写评分表。

（一）拓展练习1

根据图 14-2 所示螺纹轴完成拓展练习。

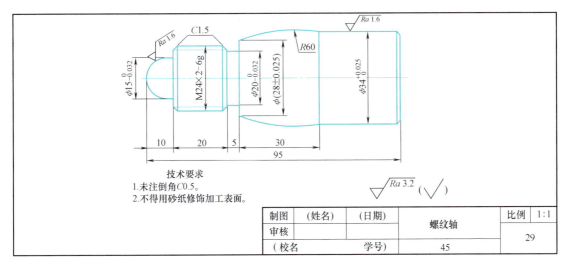

技术要求
1. 未注倒角C0.5。
2. 不得用砂纸修饰加工表面。

制图	（姓名）	（日期）	螺纹轴		比例	1:1
审核						29
（校名		学号）	45			

图 14-2　螺纹轴（二）

1. 确定加工步骤，填写加工工艺卡（表 14-5）

表 14-5　加工工艺卡

零件图号			材料			毛坯尺寸	
零件名称		刀具	背吃刀量 a_p /mm	主轴转速 n/ (r/min)	进给量 f/ (mm/r)	设备型号	
工步	工步内容					工艺简图	
1							
2							
3							
4							
5							
6							
7							
8							
9							
10							
11							
12							
13							

2. 加工零件的质量检查及评分（表 14-6）

表 14-6 零件质量检查及评分

序号	项目	检测尺寸	配分	评分标准	自检	复检	得分
1	螺纹	M24×2-6g 大径：$\phi 24_{-0.318}^{-0.038}$ mm	8	超差不得分			
2	螺纹	M24×2-6g 小径：$\phi 21.4_{-0.250}^{-0.038}$ mm	8	超差不得分			
3	外圆	$\phi 15_{-0.032}^{0}$ mm	15	超差不得分			
4	外圆	$\phi 34_{0}^{+0.025}$ mm	15	超差不得分			
5	外圆	$\phi(28\pm0.025)$ mm	10	超差不得分			
6	圆弧	R60mm	5	不合格不得分			
7	槽	$\phi 20_{-0.032}^{0}$ mm×5mm	5	不合格不得分			
8	长度	10mm、20mm、30mm	6	一处不合格扣2分			
9	总长	95mm	2	不合格不得分			
10	倒角	C1.5、C0.5	6	每少一处扣2分			
11	表面粗糙度值	$Ra1.6\mu m$ 两处、$Ra3.2\mu m$	4	不合格不得分			
12	完整度		6	全部内容 完成得6分			
13		安全文明生产	10				

学生签名：　　　　　　　　　　　　　教师签名：　　　　　　　总分：

（二）拓展练习2

根据图 14-3 所示螺纹轴完成拓展练习。

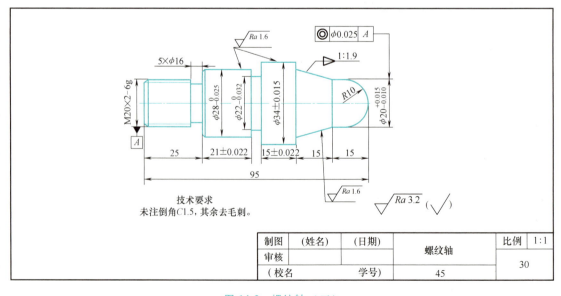

图 14-3 螺纹轴（三）

1. 确定加工步骤，填写加工工艺卡（表14-7）

表 14-7　加工工艺卡

零件图号			材料				毛坯尺寸	
零件名称			刀具	背吃刀量 a_p /mm	主轴转速 n/ (r/min)	进给量 f/ (mm/r)	设备型号	
工步	工步内容						工艺简图	
1								
2								
3								
4								
5								
6								
7								
8								
9								
10								
11								
12								
13								

2. 加工零件的质量检查及评分（表14-8）

表 14-8　零件质量检查及评分

序号	项目	检测尺寸	配分	评分标准	自检	复检	得分
1	螺纹	M20×2-6g 大径：$\phi 20_{-0.318}^{-0.038}$ mm	8	超差不得分			
2	螺纹	M20×2-6g 小径：$\phi 17.4_{-0.250}^{-0.038}$ mm	8	超差不得分			
3	外圆	$\phi 28_{-0.025}^{0}$ mm	8	超差不得分			
4	外圆	$\phi (34\pm 0.015)$ mm	8	超差不得分			
5	外圆	$\phi 20_{-0.010}^{+0.015}$ mm	8	超差不得分			
6	外圆	$\phi 22_{-0.032}^{0}$ mm	8	超差不得分			
7	圆弧	$R10$ mm	5	不合格不得分			
8	槽	$\phi 16$ mm×5mm	5	不合格不得分			
9	长度	(21 ± 0.022) mm、 (15 ± 0.022) mm	6	一处超差扣3分			
10	同轴度	◎ $\phi 0.025$ A	4	不合格不得分			
11	总长	95mm	5	超差不得分			
12	倒角	C1.5 两处	6	每少一处扣3分			
13	表面粗糙度值	$Ra1.6\mu m$ 三处、$Ra3.2\mu m$	6	不合格不得分			
14	完整度		5	全部内容 完成得5分			
15		安全文明生产	10				
学生签名：			教师签名：			总分：	

五、实训小结

完成实训项目的实训报告。

项目十五　综合训练二

知识目标

1. 能正确分析和制订零件的加工工艺。
2. 能熟练运用各功能指令，正确编写零件的加工程序。
3. 能正确选用刀具和量具。

技能目标

1. 能熟练掌握刀具装夹和对刀的操作方法。
2. 掌握加工零件的尺寸控制方法和切削用量的选择方法。

素养目标

1. 养成良好的安全文明生产意识。
2. 达到车工中级国家职业资格要求，具备职业生涯发展的基本素质与能力。

一、项目引入

图 15-1 所示为螺纹轴零件，该零件的毛坯为 $\phi 40\text{mm} \times 97\text{mm}$ 的 45 钢。本项目要求正确地确定零件的加工工艺，正确地编写加工程序，并完成零件的加工。

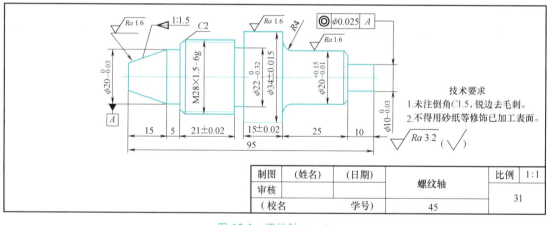

图 15-1　螺纹轴（一）

二、项目分析

1. 工艺分析

该零件为螺纹轴，分左、右两端，必须分正、反面调头加工，主要由外圆、外圆弧、外槽和外螺纹组成。两处外圆的表面质量要求较高，表面粗糙度值为 $Ra1.6\mu\text{m}$，因此要安排粗车和精车加工，应先加工零件右端并把 $\phi(34\pm0.015)\text{mm}\times50\text{mm}$ 台阶车出；然后调头装夹已加工外径 $\phi34\text{mm}$ 处，注意工件伸出长度足够左端位置的加工。要控制好全长，钻中心孔，用活动顶尖顶好，再加工左端各部。

2. 工具、量具及材料准备

1）刀具：90°外圆车刀、外螺纹车刀、3mm 切槽刀各一把。

2）量具：0~200mm 游标卡尺、25~50mm 外径千分尺各一套。

3）材料及规格：45 钢，$\phi 40mm×97mm$。

三、项目实施

1. 确定加工步骤，填写加工工艺卡（表 15-1）

表 15-1 加工工艺卡

零件图号	31		材料	45 钢		毛坯尺寸	$\phi 40mm×97mm$
零件名称	螺纹轴	刀具	背吃刀量 a_p /mm	主轴转速 n/ (r/min)	进给量 f/ (mm/r)	设备型号	CK6140A
工步	工步内容					工艺简图	
1	工件伸出长度大于60mm，夹紧						
2	车端面	T01	1	600	0.2		
3	粗车右端外圆轮廓各部分，留0.5mm余量	T01	1.5	600			
4	精车右端外圆轮廓至尺寸要求	T01	0.25	800	0.1		
5	倒角 C1.5	T01		600			
6	调头装夹已加工 $\phi 34mm×50mm$ 台阶						
7	车全长，控制全长95mm	T01	1	600			
8	粗车左端外圆轮廓各部分，留0.5mm余量	T01	1.5	600	0.2		
9	精车左端外圆轮廓及锥面至尺寸要求	T01	0.25	800	0.1		
10	切槽	T02		400	0.05		
11	车螺纹	T03		500	1.5		
12	自检						

2. 编写加工程序（表 15-2、表 15-3）

表 15-2 加工程序（右端）

O0001;（右端）;	Z-31;
G99;	G02 X28 Z-35 R4;
T0101 M08;	G01 X33;
M03 S600;	X34 W-0.5;
G00 X41 Z2;	Z-51;
G71 U1.5 R1;	X40;
G71 P10 Q20 U0.5 W0.1 F0.2;	N20 G00 G40 X41;
N10 G00 X9;	T0101;
G01 G42 Z0 F0.2;	M03 S800;
X10. Z-0.5 F0.1;	G00 X41 Z2;
Z-10;	G70 P10 Q20;
X19;	G00 X150 Z50;
X20 W-0.5;	M30;

表 15-3　加工程序（左端）

O0002;（左端）;	G00 X41 Z2;
G99;	G70 P10 Q20;
T0101 M08;	G00 X150 Z30;
M03 S600;	T0202;
G00 X41 Z2;	M03 S400;
G71 U1.5 R1;	G00 X35 Z-44;
G71 P10 Q20 U0.5 W0.1 F0.2;	G01 X22 F0.05;
N10 G00 X10;	X35 F0.3;
G01 G42 Z0 F0.2;	Z-45;
X20 Z-15 F0.1;	X22. F0.1;
Z-20;	Z-44;
X24;	X35 F0.3;
X27.85 W-2;	G00 X150 Z30;
Z-45;	T0303;
X33;	M03 S500;
X35 W-1;	G00 X30 Z-15;
X40;	G76 P020260 Q100 R0.1;
N20 G00 G40 X41;	G76 X26.05 Z-43. P1100 Q400 F1.5;
T0101;	G00 X150 Z30;
M03 S800;	M30;

3. 加工零件的质量检查及评分（表 15-4）

表 15-4　零件质量检查及评分

序号	项目	检测尺寸	配分	评分标准	自检	复检	得分
1	螺纹	M28×1.5-6g 大径:$\phi 28^{-0.038}_{-0.318}$mm	6	超差不得分			
2	螺纹	M28×1.5-6g 小径:$\phi 26.05^{-0.032}_{-0.182}$mm	6	超差不得分			
3	外圆	$\phi 20^{0}_{-0.03}$mm	8	超差不得分			
4	外圆	$\phi(34\pm0.015)$mm	8	超差不得分			
5	外圆	$\phi 20^{+0.15}_{-0.01}$mm	8	超差不得分			
6	外圆	$\phi 22^{0}_{-0.32}$mm	8	超差不得分			
7	外圆	$\phi 10^{0}_{-0.03}$mm	8	超差不得分			
8	锥度	1:1.5	5	不合格不得分			
9	槽宽	4mm	5	不合格不得分			
10	长度	(21±0.02)mm、(15±0.02)mm	8	一处超差扣4分			
11	同轴度	◎ ϕ0.025 A	5	不合格不得分			
12	总长	95mm	5	超差不得分			
13	倒角	C2、C1.5	2	每少一处扣1分			
14	表面粗糙度值	Ra1.6μm 三处、Ra3.2μm	4	一处错误不得分			
15	完整度		4	全部内容完成得4分			
16	安全文明生产		10				

学生签名:　　　　　　　　　　教师签名:　　　　　　　总分:

四、拓展练习

本拓展练习要求正确地确定零件的加工工艺，正确地编写加工程序，并完成零件的加工，自检后填写评分表。

（一）拓展练习1

根据图 15-2 所示螺纹轴完成拓展练习。

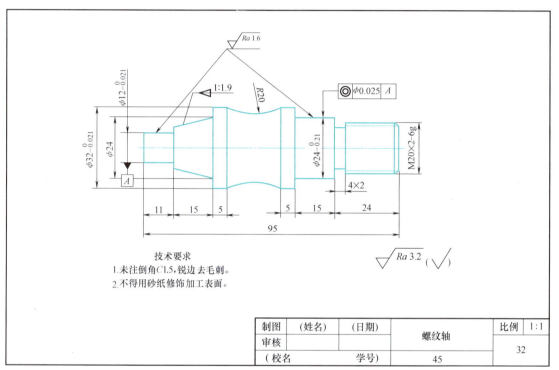

技术要求
1. 未注倒角C1.5，锐边去毛刺。
2. 不得用砂纸修饰加工表面。

制图	（姓名）	（日期）	螺纹轴	比例	1:1
审核					32
（校名		学号）	45		

图 15-2　螺纹轴（二）

1. 确定加工步骤，填写加工工艺卡（表 15-5）

表 15-5　加工工艺卡

零件图号		材料				毛坯尺寸	
零件名称			背吃刀量 a_p /mm	主轴转速 n /(r/min)	进给量 f /(mm/r)	设备型号	
工步	工步内容	刀具				工艺简图	
1							
2							
3							
4							
5							
6							
7							

（续）

零件图号			材料				毛坯尺寸	
零件名称			刀具	背吃刀量 a_p /mm	主轴转速 n/ (r/min)	进给量 f/ (mm/r)	设备型号	
工步	工步内容						工艺简图	
8								
9								
10								
11								
12								
13								
14								

2. 加工零件的质量检查及评分（表 15-6）

表 15-6 零件质量检查及评分

序号	项目	检测尺寸	配分	评分标准	自检	复检	得分
1	螺纹	M20×2-6g 大径：$\phi 20_{-0.318}^{-0.038}$mm	8	超差不得分			
2	螺纹	M20×2-6g 小径：$\phi 17.4_{-0.208}^{-0.032}$mm	8	超差不得分			
3	外圆	$\phi 12_{-0.021}^{0}$mm	10	超差不得分			
4	外圆	$\phi 32_{-0.021}^{0}$mm	10	超差不得分			
5	外圆	$\phi 24$mm	2	不合格不得分			
6	外圆	$\phi 24_{-0.21}^{0}$mm	10	超差不得分			
7	外圆	$\phi 12_{-0.021}^{0}$mm	10	超差不得分			
8	锥度	1 : 1.9	5	不合格不得分			
9	槽	4mm×2mm	2	不合格不得分			
10	长度	11mm、15mm 两处、5mm 两处、24mm	5	一处超差扣 1 分			
11	同轴度	◎ $\phi 0.025$ A	5	不合格不得分			
12	总长	95mm	5	不合格不得分			
13	倒角	C1.5	2	不合格不得分			
14	表面粗糙度值	$Ra1.6\mu m$ 两处、$Ra3.2\mu m$	4	一处不合格不得分			
15	完整度		4	全部内容完成得 4 分			
16	安全文明生产		10				

学生签名：　　　　　　　　　　　　　教师签名：　　　　　　　　总分：

（二）拓展练习 2

根据图 15-3 所示螺纹轴完成拓展练习。

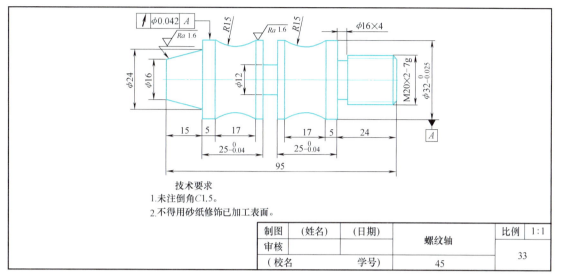

技术要求

1. 未注倒角 C1.5。
2. 不得用砂纸修饰已加工表面。

制图	（姓名）	（日期）	螺纹轴	比例	1:1
审核					33
（校名		学号）	45		

图 15-3　螺纹轴（三）

1. 确定加工步骤，填写加工工艺卡（表 15-7）

表 15-7　加工工艺卡

工步	工步内容	刀具	背吃刀量 a_p /mm	主轴转速 n/ (r/min)	进给量 f/ (mm/r)	工艺简图
零件图号			材料			毛坯尺寸
零件名称						设备型号
1						
2						
3						
4						
5						
6						
7						
8						
9						
10						
11						
12						
13						
14						

2. 加工零件的质量检查及评分（表 15-8）

表 15-8　零件质量检查及评分

序号	项目	检测尺寸	配分	评分标准	自检	复检	得分
1	螺纹	M20×2-7g 大径：$\phi20_{-0.318}^{-0.038}$mm	8	超差不得分			
2	螺纹	M20×2-7g 小径：$\phi17.4_{-0.208}^{-0.032}$mm	8	超差不得分			
3	外圆	$\phi12$mm	5	不合格不得分			
4	外圆	$\phi32_{-0.025}^{0}$mm	10	超差不得分			
5	外圆	$\phi24$mm	5	不合格不得分			
6	外圆	$\phi16$mm	5	不合格不得分			
7	圆弧	R15mm 两处	5	不合格不得分			
8	槽	$\phi16$mm×4mm	5	不合格不得分			
9	长度	$25_{-0.04}^{0}$mm 两处	10	一处超差扣3分			
10	跳动	⏉ $\phi0.042$ A	10	不合格不得分			
11	总长	95mm	5	不合格不得分			
12	倒角	C1.5	5	不合格不得分			
13	表面粗糙度值	$Ra1.6\mu$m 两处、$Ra3.2\mu$m	4	不合格不得分			
14	完整度		5	全部内容完成得5分			
15		安全文明生产	10				
学生签名：				教师签名：		总分：	

五、实训小结

完成实训项目的实训报告。

项目十六　综合训练三

知识目标

1. 能正确分析和制订零件的加工工艺。
2. 能熟练运用各功能指令，正确编写零件的加工程序。
3. 能正确选用刀具和量具。

技能目标

1. 能熟练掌握刀具装夹和对刀的操作方法。
2. 掌握加工零件的尺寸控制方法和切削用量的选择方法。

素养目标

1. 养成良好的安全文明生产意识。
2. 达到车工中级国家职业资格要求，具备职业生涯发展的基本素质与能力。

一、项目引入

图 16-1 所示为螺纹轴零件，该零件的毛坯为 $\phi40\text{mm} \times 97\text{mm}$ 的 45 钢。本项目要求正确地确定零件的加工工艺，正确地编写加工程序，并完成零件的加工。

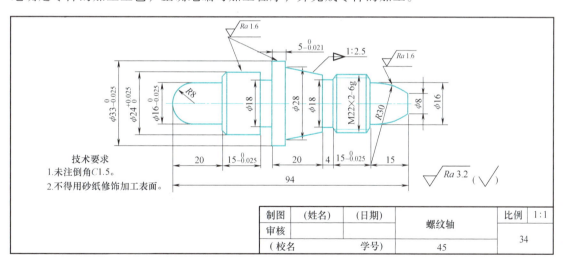

图 16-1　螺纹轴（一）

二、项目分析

1. 工艺分析

该零件为螺纹轴，分左、右两端，因此必须分正、反面调头加工，主要由外圆、外圆弧、外槽和外螺纹组成。三处表面质量要求较高，表面粗糙度值为 $Ra1.6\mu\text{m}$，因此要安排粗车和精车加工，应先加工零件左端并把 $\phi33_{-0.025}^{0}\text{mm} \times 45\text{mm}$ 台阶车出；然后调头装夹此已加工外径 $\phi24\text{mm}$ 处，并靠正台阶处。要控制好全长，钻中心孔，用活动顶尖顶好，再加工

139

右端各部。

2. 工、量具及材料准备

1）刀具：90°外圆车刀、外螺纹车刀、3mm 切槽刀各一把。

2）量具：0~200mm 游标卡尺、25~50mm 外径千分尺各一套。

3）材料及规格：45 钢，ϕ40mm×97mm。

三、项目实施

1. 确定加工步骤，填写加工工艺卡（表16-1）

表 16-1　加工工艺卡（一）

零件图号	31	材料		45 钢		毛坯尺寸	ϕ40mm×97mm
零件名称	螺纹轴	刀具	背吃刀量 a_p /mm	主轴转速 n/ (r/min)	进给量 f/ (mm/r)	设备型号	CK6140A
工步	工步内容					工艺简图	
1	工件伸出长度大于 50mm，夹紧						
2	车端面	T01	1	600	0.2		
3	粗车左端外圆轮廓各部分，留 0.5mm 余量	T01	1.5	600			
4	精车左端外圆轮廓至尺寸要求	T01	0.25	800	0.1		
5	切槽	T02		400	0.05		
6	倒角 C1.5			600			
7	调头装夹已加工ϕ24mm×15mm 台阶						
8	车全长，控制全长 94mm	T01	1	600			
9	粗车右端外圆轮廓各部分，留 0.5mm 余量	T01	1.5	600	0.2		
10	精车右端外圆轮廓至尺寸要求	T01	0.25	800	0.1		
11	切槽	T02		400	0.05		
12	车螺纹	T03		500	1.5		
13	自检						

2. 编写加工程序（表16-2 和表16-3）

表 16-2　加工程序（左端）

O0001;（左端）	N20 G00 G40 X41;
G99;	T0101;
T0101 M08;	M03 S800;
M03 S600;	G00 X41 Z2;
G00 X41 Z2;	G70 P10 Q20;
G71 U1.5 R1;	G00 X150 Z30;
G71 P10 Q20 U0.5 W0.1 F0.2;	T0202;

（续）

N10 G00 X0；	M03 S400；
G01 G42 Z0. F0. 2；	G00 X25 Z−38；
G03X16 Z−8 R8 F0.1；	G01 X18 F0. 05；
G01Z−20；	X25 F0. 2；
X21；	Z−40；
X24 W−1.5；	X18 F0. 1；
Z−40；	X25 F0. 2；
X32；	Z−39；
X33 W−0.5；	G00 X150 Z50；
Z−46；	M30；
X40；	

表 16-3　加工程序（右端）

O0002；（右端）；	G00 X41 Z2；
G99；	G70 P10 Q20；
T0101 M08；	G00 X150 Z30；
M03 S600；	T0202；
G00 X41 Z2；	M03 S400；
G71 U1.5 R1；	G00 X23 Z−33；
G71 P10 Q20 U0.5 W0.1 F0.2；	G01 X18 F0. 05；
N10 G00 X8；	X23 F0. 3；
G01 G42 Z0 F0. 2；	Z−34；
G03 X16 Z−15 R30 F0.1；	X18 F0. 1；
X19；	Z−33；
X21.85 W−1.5；	X25 F0. 3；
Z−34；	G00 X150 Z30；
X22；	T0303；
X28 Z−49；	M03 S500；
X32；	G00 X25 Z−10；
X34 W−1；	G76 P020260 Q100 R0.1；
X40；	G76 X19.4 Z−32 P1400 Q400 F2；
N20 G00 G40 X41；	G00 X150 Z30；
T0101；	M30；
M03 S800；	

3. 加工零件的质量检查及评分（表 16-4）

表 16-4　零件质量检查及评分

序号	项目	检测尺寸	配分	评分标准	自检	复检	得分
1	螺纹	M22×2-6g 大径：$\phi22_{-0.318}^{-0.038}$ mm	10	超差不得分			
2	螺纹	M22×2-6g 小径：$\phi19.4_{-0.208}^{-0.032}$ mm	10	超差不得分			
3	外圆	$\phi16_{-0.025}^{0}$ mm	6	超差不得分			
4	外圆	$\phi33_{-0.025}^{0}$ mm	6	超差不得分			

（续）

序号	项目	检测尺寸	配分	评分标准	自检	复检	得分
5	外圆	$\phi 24^{+0.025}_{0}$ mm	6	超差不得分			
6	外圆	$\phi 28$ mm、$\phi 18$ mm	6	超差不得分			
7	圆弧	$R8$ mm、$R30$ mm	6	不合格不得分			
8	槽	$\phi 18$ mm×4mm、$\phi 18$ mm×5mm	5	不合格不得分			
9	长度	$15^{0}_{-0.025}$ mm 两处	10	一处超差扣5分			
10	锥度	1:2.5	5	不合格不得分			
11	总长	94mm	5	不合格不得分			
12	倒角	$C1.5$	5	不合格不得分			
13	表面粗糙度值	$Ra1.6\mu$m 三处、$Ra3.2\mu$m	5	一处错误不得分			
14	完整度		5	全部内容完成得5分			
15	安全文明生产		10				
学生签名：			教师签名：		总分：		

四、拓展练习

本拓展练习要求正确地确定零件的加工工艺，正确地编写加工程序，并完成零件的加工，自检后填写评分表。

（一）拓展练习1

根据图16-2所示螺纹轴完成拓展练习。

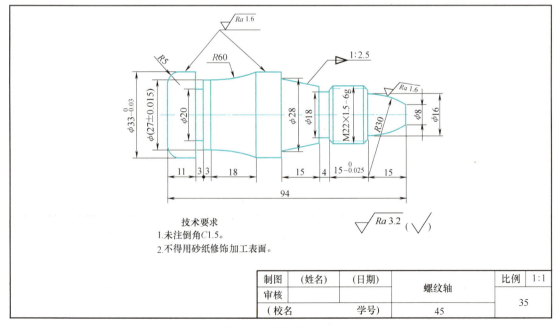

技术要求
1. 未注倒角C1.5。
2. 不得用砂纸修饰加工表面。

$\sqrt{Ra\,3.2}$（√）

制图	（姓名）	（日期）	螺纹轴	比例	1:1
审核					35
（校名		学号	45		

图16-2　螺纹轴（二）

1. 确定加工步骤，填写加工工艺卡 （表 16-5）

表 16-5　加工工艺卡

零件图号			材料				毛坯尺寸	
零件名称			刀具	背吃刀量 a_p /mm	主轴转速 n/ (r/min)	进给量 f/ (mm/r)	设备型号	
工步	工步内容						工艺简图	
1								
2								
3								
4								
5								
6								
7								
8								
9								
10								
11								
12								
13								

2. 加工零件的质量检查及评分 （表 16-6）

表 16-6　零件质量检查及评分

序号	项目	检测尺寸	配分	评分标准	自检	复检	得分
1	螺纹	M22×1.5-6g 大径：$\phi22_{-0.268}^{-0.032}$ mm	10	超差不得分			
2	螺纹	M22×1.5-6g 小径：$\phi20.05_{-0.182}^{-0.032}$ mm	10	超差不得分			
3	外圆	$\phi(27\pm0.015)$ mm	10	超差不得分			
4	外圆	$\phi33_{-0.03}^{0}$ mm	10	超差不得分			
5	外圆	$\phi28$ mm	3	不合格不得分			
6	圆弧	$R30$ mm、$R5$ mm	6	不合格不得分			
7	锥度	1：2.5	4	不合格不得分			
8	槽	$\phi18$ mm×4mm $\phi20$ mm×3mm	10	不合格不得分			
9	长度	$15_{-0.025}^{0}$ mm	10	超差不得分			
10	总长	94mm	5	不合格不得分			
11	倒角	C1.5	3	每少 1 处扣 1.5 分			
12	表面粗糙度值	$Ra1.6\mu m$ 三处、$Ra3.2\mu m$	4	不合格不得分			
13	完整度		5	全部内容 完成得 5 分			
14		安全文明生产	10				

学生签名：　　　　　　　　　　　　　教师签名：　　　　　　　　总分：

（二）拓展练习 2

根据图 16-3 所示螺纹轴完成拓展练习。

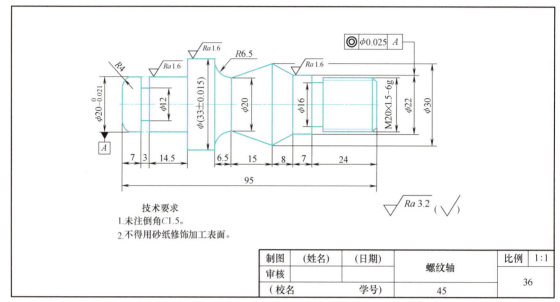

图 16-3　螺纹轴（三）

1. 确定加工步骤，填写加工工艺卡（表 16-7）

表 16-7　加工工艺卡

零件图号			材料			毛坯尺寸	
零件名称		刀具	背吃刀量 a_p /mm	主轴转速 n/（r/min）	进给量 f/（mm/r）	设备型号	
工步	工步内容					工艺简图	
1							
2							
3							
4							
5							
6							
7							
8							
9							
10							
11							
12							
13							

2. 加工零件的质量检查及评分（表 16-8）

表 16-8　零件质量检查及评分

序号	项目	检测尺寸	配分	评分标准	自检	复检	得分
1	螺纹	M20×1.5-6g 大径：$\phi 20_{-0.318}^{-0.038}$ mm	10	超差不得分			
2	螺纹	M20×1.5-6g 小径：$\phi 18.05_{-0.182}^{-0.032}$ mm	10	超差不得分			
3	外圆	$\phi 20_{-0.021}^{0}$ mm	10	超差不得分			
4	外圆	$\phi(33\pm 0.015)$ mm	10	超差不得分			
5	外圆	$\phi 20$ mm	5	不合格不得分			
6	外圆	$\phi 22$ mm	5	不合格不得分			
7	外圆	$\phi 30$ mm	5	不合格不得分			
8	圆弧	R4mm、R6.5mm	5	不合格不得分			
9	槽	$\phi 12$ mm×3mm、$\phi 16$ mm	5	不合格不得分			
10	长度	24mm、14.5mm、7mm	5	一处不合格扣2分			
11	同轴度	◎ $\phi 0.025$ A	5	不合格不得分			
12	总长	95mm	5	不合格不得分			
13	倒角	C1.5	2	不合格不得分			
14	表面粗糙度值	Ra1.6μm 三处、Ra3.2μm	4	不合格不得分			
15	完整度		4	全部内容完成得4分			
16	安全文明生产		10				
学生签名：				教师签名：		总分：	

（三）拓展练习 3

根据图 16-4 所示螺纹轴完成拓展练习。

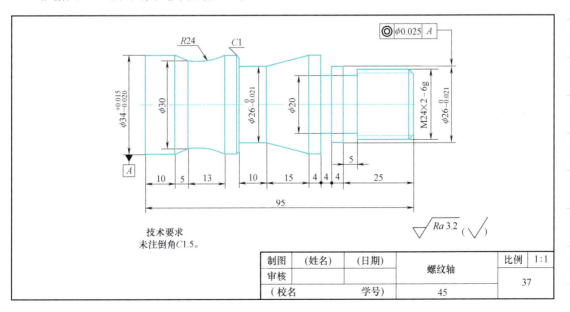

技术要求
未注倒角C1.5。

制图	（姓名）	（日期）	螺纹轴	比例	1:1
审核					37
（校名）	学号）		45		

图 16-4　螺纹轴（四）

1. 确定加工步骤，填写加工工艺卡（表 16-9）

表 16-9　加工工艺卡

零件图号					材料			毛坯尺寸	
零件名称			刀具	背吃刀量 a_p /mm	主轴转速 n/ (r/min)	进给量 f/ (mm/r)		设备型号	
工步	工步内容							工艺简图	
1									
2									
3									
4									
5									
6									
7									
8									
9									
10									
11									
12									
13									

2. 加工零件的质量检查及评分（表 16-10）

表 16-10　零件质量检查及评分

序号	项目	检测尺寸	配分	评分标准	自检	复检	得分
1	螺纹	M24×2-6g 大径	10	超差不得分			
2	螺纹	M24×2-6g 中径	10	超差不得分			
3	外圆	$\phi 26_{-0.021}^{0}$ mm	10	超差不得分			
4	外圆	$\phi 34_{-0.020}^{+0.015}$ mm	10	超差不得分			
5	外圆	$\phi 26_{-0.021}^{0}$ mm	10	超差不得分			
6	外圆	$\phi 30$ mm	5	不合格不得分			
7	槽	$\phi 20$ mm×4mm	5	不合格不得分			
8	圆弧	R24mm	5	不合格不得分			
9	同轴度	◎ $\phi 0.025$ A	5	不合格不得分			
10	总长	95mm	5	不合格不得分			
11	倒角	C1.5、C1	5	不合格不得分			
12	表面粗糙度值	Ra3.2μm	4	不合格不得分			
13	完整度		6	全部内容完成得 6 分			
14	安全文明生产		10				
学生签名：			教师签名：			总分：	

五、实训小结

完成实训项目的实训报告。

项目十七　综合训练四

知识目标

1. 能正确分析和制订零件的加工工艺。

2. 能熟练运用各功能指令，正确编写零件的加工程序。

3. 能正确的选用刀具和量具。

技能目标

1. 能熟练掌握刀具装夹和对刀的操作方法。

2. 掌握加工零件的尺寸控制方法和切削用量的选择方法。

素养目标

1. 养成良好的安全文明生产意识。

2. 达到车工中级国家职业资格要求，具备职业生涯发展的基本素质与能力。

一、项目引入

图 17-1 所示为螺纹轴零件，该零件毛坯为 $\phi40mm\times60mm$ 的 45 钢。本项目要求正确地确定零件的加工工艺，正确地编写加工程序，并完成零件的加工。

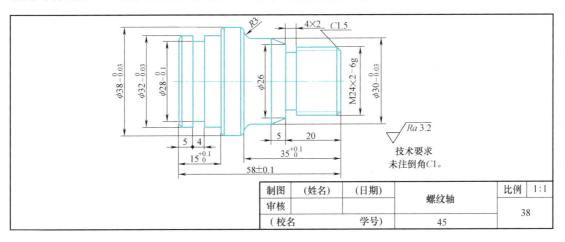

图 17-1　螺纹轴（一）

二、项目分析

1. 工艺分析

该零件为螺纹轴，分左、右两端，须分正、反面调头加工，主要由外圆、外圆弧、外沟槽和外螺纹组成。表面质量要求较高，表面粗糙度值为 $Ra3.2\mu m$，因此要安排粗车和精车加工，应先加工零件左端台阶，并把 $\phi38_{-0.03}^{0}mm\times23mm$ 台阶车好并切好沟槽；然后调头装夹此已加工外圆 $\phi32mm$ 处，并靠正台阶处。要控制好全长，钻中心孔，用回转顶尖顶好，再加工右端各部。

2. 工具、量具及材料准备

1）刀具：90°外圆车刀、$\phi20mm$ 麻花钻、外螺纹车刀、$\phi16mm$ 镗刀、3mm 切槽刀各一把。

2）量具：0~200mm 游标卡尺、25~50mm 外径千分尺、25~50mm 内径千分尺各一套。

3）材料及规格：45 钢，$\phi40mm\times60mm$。

三、项目实施

1. 确定加工步骤，填写加工工艺卡（表 17-1）

表 17-1　加工工艺卡

零件图号	38		材料		45 钢		设备型号	毛坯尺寸	$\phi40mm\times60mm$
零件名称	螺纹轴		刀具	背吃刀量 a_p /mm	主轴转速 n/ (r/min)	进给量 f/ (mm/r)	设备型号		CK6140A
工步	工步内容						工艺简图		
1	工件伸出长度大于 30mm，夹紧								
2	车端面		T01	1	600	0.2			
3	粗车左端外圆轮廓各部分，留 0.5mm 余量		T01	1.5	600				
4	精车左端外圆轮廓至尺寸要求		T01	0.25	800	0.1			
5	切槽		T02		400	0.05			
6	倒角 $C1$、$C1.5$		T01		600				
7	调头夹已加工 $\phi32mm\times15mm$ 台阶								
8	车全长，控制全长（58± 0.1）mm		T01	1	600				
9	粗车右端外圆轮廓各部分，留 0.5mm 余量		T01	1.5	600	0.2			
10	精车右端外圆轮廓至尺寸要求		T01	0.25	800	0.1			
11	切槽		T02		400	0.05			
12	车螺纹		T03		500	1.5			
13	自检								

工艺简图（左端）：尺寸 24、$\phi38_{-0.03}^{0}$、$\phi28_{-0.1}^{0}$、$\phi32_{-0.03}^{0}$、4、5、$15_{0}^{+0.1}$

工艺简图（右端）：$R3$、4×2、$C1.5$、$\phi26$、$M24\times2\text{-}6g$、$\phi30_{-0.03}^{0}$、5、20、$35_{0}^{+0.1}$、58 ± 0.1

2. 编写加工程序（表 17-2 和表 17-3）

表 17-2　加工程序（左端）

O0001;（左端）	T0101;
G99;	M03 S800;
T0101 M08;	G00 X41 Z2;
M03 S600;	G70 P10 Q20;
G00 X41 Z2;	G00 X150 Z30;
G71 U1.5 R1;	T0202;
G71 P10 Q20 U0.5 W0.1 F0.2;	M03 S400;

（续）

N10 G00 X30；	G00 X33 Z−8；
G01 G42 Z0 F0.2；	G01 X28 F0.05；
X32 Z−1 F0.1；	X33 F0.2；
Z−15；	Z−9；
X36；	X28 F0.1；
X38 W−1；	Z−8 F0.2；
Z−24；	X33；
X40；	G00 X150 Z50；
N20 G00 G40 X41；	M30；

表 17-3　加工程序（右端）

O0002；（右端）	G00 X41 Z2；
G99；	G70 P10 Q20；
T0101 M08；	G00 X150 Z30；
M03 S600；	T0202；
G00 X41 Z2；	M03 S400；
G71 U1.5 R1；	G00 X25 Z−19；
G71 P10 Q20 U0.5 W0.1 F0.2；	G01 X20 F0.05；
N10 G00 X21；	X27 F0.3；
G01 G42 Z0 F0.2；	Z−20；
X23.85 Z−1.5 F0.1；	X20 F0.1；
Z−20；	Z−19.5；
X26；	X25 F0.3；
X30 Z−25；	G00 X150 Z30；
Z−32；	T0303；
G02 X36 Z−35 R3；	M03 S500；
G01 X39 W−1.5；	G00 X27 Z5；
X40；	G76 P020260 Q100 R0.1；
N20 G00 G40 X41；	G76 X21.4 Z−18 P1400 Q400 F2；
T0101；	G00 X150 Z30；
M03 S800；	M30；

3. 加工零件的质量检查及评分（表 17-4）

表 17-4　零件质量检查及评分

序号	项目	检测尺寸	配分	评分标准	自检	复检	得分
1	外圆	$\phi 38_{-0.03}^{0}$ mm	10	超差不得分			
2	外圆	$\phi 32_{-0.03}^{0}$ mm	10	超差不得分			
3	外圆	$\phi 30_{-0.03}^{0}$ mm	10	超差不得分			
4	外圆	$\phi 28_{-0.1}^{0}$ mm	10	超差不得分			

（续）

序号	项目	检测尺寸	配分	评分标准	自检	复检	得分
5	螺纹	M24×2-6g	10	超差不得分			
6	长度	$35^{+0.1}_{0}$ mm	7	超差不得分			
7	长度	$15^{+0.1}_{0}$ mm	7	超差不得分			
8	长度	（58±0.1）mm	7	超差不得分			
9	长度	20mm	4	不合格不得分			
10	倒角	C1.5、C1	5	不合格不得分			
11	槽	4mm×2mm	5	不合格不得分			
12	表面粗糙度值	$Ra3.2\mu m$	5	不合格不得分			
13	安全文明生产		10				
学生签名：			教师签名：			总分：	

四、拓展练习

本拓展练习要求正确地确定零件的加工工艺，正确地编写加工程序，并完成零件的加工，自检后填写评分表。

（一）拓展练习1

根据图 17-2 所示螺纹轴完成拓展练习。

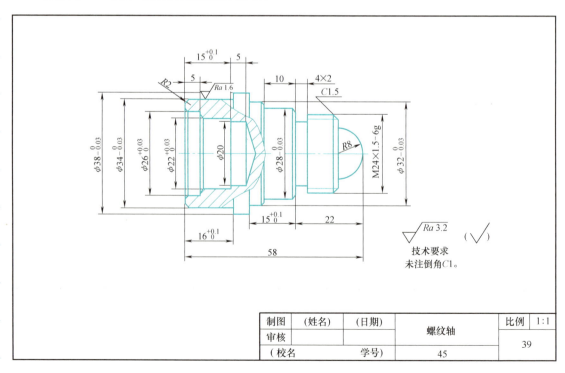

图 17-2　螺纹轴（二）

1. 确定加工步骤，填写加工工艺卡（表17-5）

表 17-5 加工工艺卡

零件图号				材料				毛坯尺寸	
零件名称					背吃刀量 a_p /mm	主轴转速 n/ (r/min)	进给量 f/ (mm/r)	设备型号	
工步	工步内容			刀具				工艺简图	
1									
2									
3									
4									
5									
6									
7									
8									
9									
10									
11									
12									
13									

2. 加工零件的质量检查及评分（表17-6）

表 17-6 零件质量检查及评分

序号	项目	检测尺寸	配分	评分标准	自检	复检	得分
1	外圆	$\phi 38_{-0.03}^{0}$ mm	7	超差不得分			
2	外圆	$\phi 34_{-0.03}^{0}$ mm	7	超差不得分			
3	外圆	$\phi 32_{-0.03}^{0}$ mm	7	超差不得分			
4	外圆	$\phi 28_{-0.03}^{0}$ mm	7	超差不得分			
5	内孔	$\phi 26_{0}^{+0.03}$ mm	7	超差不得分			
6	内孔	$\phi 22_{0}^{+0.03}$ mm	7	超差不得分			
7	螺纹	M24×1.5-6g	7	超差不得分			
8	长度	$16_{0}^{+0.1}$ mm	7	超差不得分			
9	长度	$15_{0}^{+0.1}$ mm	7	超差不得分			
10	长度	$15_{0}^{+0.1}$ mm	7	超差不得分			
11	长度	10mm	3	不合格不得分			
12	长度	58mm	3	不合格不得分			
13	槽	4mm×2mm	3	不合格不得分			
14	圆弧	R2mm、R8mm	5	不合格不得分			
15	倒角	C1.5、C1	3	不合格不得分			
16	表面粗糙度值	Ra1.6μm、Ra3.2μm	3	不合格不得分			
17	安全文明生产		10				
学生签名：		教师签名：			总分：		

（二）拓展练习 2

根据图 17-3 所示螺纹轴完成拓展练习。

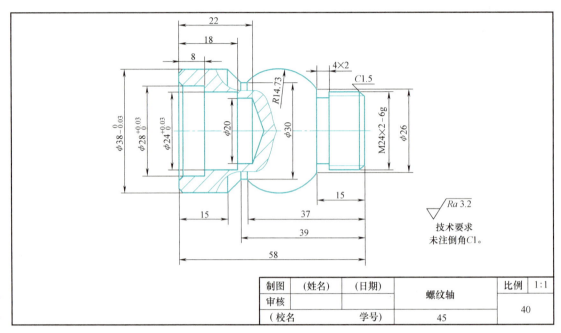

图 17-3　螺纹轴（三）

1. 确定加工步骤，填写加工工艺卡（表 17-7）

表 17-7　加工工艺卡

零件图号		材料				毛坯尺寸	
零件名称		刀具	背吃刀量 a_p /mm	主轴转速 n/ (r/min)	进给量 f/ (mm/r)	设备型号	
工步	工步内容					工艺简图	
1							
2							
3							
4							
5							
6							
7							
8							
9							
10							
11							
12							
13							
14							

2. 加工零件的质量检查及评分（表 17-8）

表 17-8　零件质量检查及评分

序号	项目	检测尺寸	配分	评分标准	自检	复检	得分
1	外圆	$\phi 38_{-0.03}^{0}$ mm	7	超差不得分			
2	外圆	$\phi 30$ mm	7	不合格不得分			
3	外圆	$\phi 26$ mm	7	不合格不得分			
4	内孔	$\phi 28_{0}^{+0.03}$ mm	7	超差不得分			
5	内孔	$\phi 24_{0}^{+0.03}$ mm	7	超差不得分			
6	内孔	$\phi 20$ mm	7	不合格不得分			
7	螺纹	M24×2-6g	7	超差不得分			
8	长度	8mm、18mm	7	不合格不得分			
9	长度	15mm 两处	7	不合格不得分			
10	长度	39mm、37mm	7	不合格不得分			
11	长度	58mm	4	不合格不得分			
12	沟槽	4mm×2mm	2	不合格不得分			
13	圆弧	R14.73mm	5	不合格不得分			
14	倒角	C1.5、C1	4	不合格不得分			
15	表面粗糙度值	Ra3.2μm	5	不合格不得分			
16	安全文明生产		10				

学生签名：　　　　　　　　教师签名：　　　　　　　　总分：

五、实训小结

完成本实训项目的实训报告。

项目十八 加工工艺品

知识目标

1. 能正确分析和制订零件的加工工艺。

2. 能熟练运用各功能指令，正确编写零件的加工程序。

技能目标

1. 能熟练掌握刀具装夹和对刀的操作方法。

2. 掌握加工零件的尺寸控制方法和切削用量的选择方法。

3. 让学生的技能得到更好的展示。

素养目标

1. 养成良好的安全文明生产意识。

2. 达到车工中级国家职业资格要求，具备职业生涯发展的基本素质与能力。

3. 提高学生的学习兴趣和学以致用的能力。

一、工具、量具及材料准备

1）刀具：90°外圆车刀，ϕ20mm 麻花钻、镗孔刀、内孔车刀、3mm 切槽刀各一把。

2）量具：0~200mm 游标卡尺、25~50mm 外径千分尺、25~50mm 内径千分尺各一套。

3）材料及规格：45 钢，与项目五共用一件材料。子弹零件：规格为 ϕ20mm×70mm；酒杯零件：规格为 ϕ40mm×70mm；国际象棋零件：规格为 ϕ40mm×80mm；葫芦零件：规格为 ϕ40mm×70mm。

二、加工子弹零件

要加工的子弹零件如图 18-1 所示。

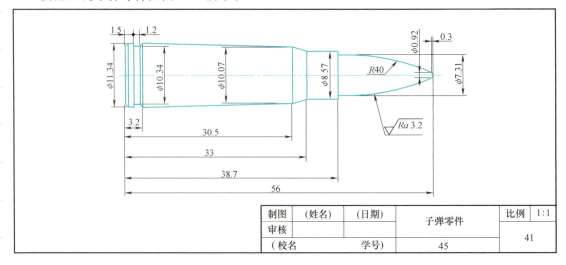

制图	（姓名）	（日期）	子弹零件	比例	1：1
审核					
（校名）		学号）	45	41	

图 18-1　子弹零件

1. 确定加工步骤，填写加工工艺卡（表 18-1）

表 18-1　加工工艺卡

零件图号				材料			毛坯尺寸	
零件名称			刀具	背吃刀量 a_p/mm	主轴转速 n/(r/min)	进给量 f/(mm/r)	设备型号	
工步	工步内容						工艺简图	
1								
2								
3								
4								
5								
6								
7								

2. 加工零件的质量检查及评分（表 18-2）

表 18-2　零件质量检查及评分

序号	项目	检测尺寸	配分	评分标准	自检	复检	得分
1	完整度	形状	50				
2	倒角	C1	15	不合格不得分			
3	表面粗糙度值	$Ra3.2\mu m$	15	不合格不得分			
4	安全文明生产		20				
学生签名：			教师签名：			总分：	

三、加工酒杯零件

要加工的酒杯零件如图 18-2 所示。

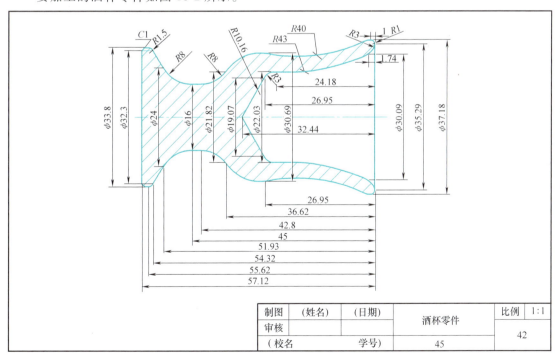

制图	(姓名)	(日期)	酒杯零件	比例	1:1
审核					42
(校名	学号)		45		

图 18-2　酒杯零件

1. 确定加工步骤，填写加工工艺卡（表 18-3）

表 18-3　加工工艺卡

零件图号			材料				毛坯尺寸	
零件名称		刀具	背吃刀量	主轴转速	进给量	设备型号		
工步	工步内容		a_p/mm	n/(r/min)	f/(mm/r)	工艺简图		
1								
2								
3								
4								
5								
6								
7								

2. 加工零件的质量检查及评分（表 18-4）

表 18-4　零件质量检查及评分

序号	项　目	检测尺寸	配分	评分标准	自检	复检	得分
1	完整度	形状	50				
2	倒角	$C1$	15	不合格不得分			
3	表面粗糙度值	$Ra3.2\mu m$	15	不合格不得分			
4	安全文明生产		20				
学生签名：			教师签名：			总分：	

四、加工国际象棋零件

要加工的国际象棋零件如图 18-3 所示。

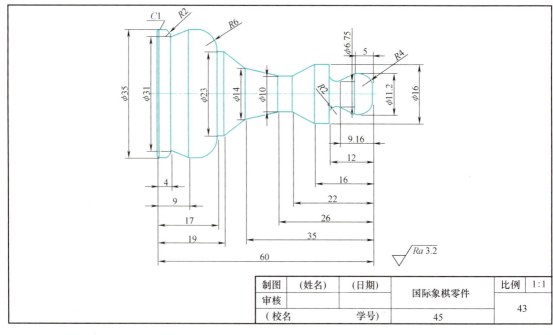

图 18-3　国际象棋零件

1. 确定加工步骤，填写加工工艺卡（表 18-5）

表 18-5　加工工艺卡

零件图号				材料			毛坯尺寸	
零件名称			刀具	背吃刀量 a_p/mm	主轴转速 n/(r/min)	进给量 f/(mm/r)	设备型号	
工步	工步内容						工艺简图	
1								
2								
3								
4								
5								
6								
7								

2. 加工零件的质量检查及评分（表 18-6）

表 18-6　零件质量检查及评分

序号	项　目	检测尺寸	配分	评分标准	自检	复检	得分
1	完整度	形状	50				
2	倒角	C1	15	不合格不得分			
3	表面粗糙度值	$Ra3.2\mu m$	15	不合格不得分			
4	安全文明生产		20				
学生签名：			教师签名：			总分：	

五、加工葫芦零件

要加工的葫芦零件如图 18-4 所示。

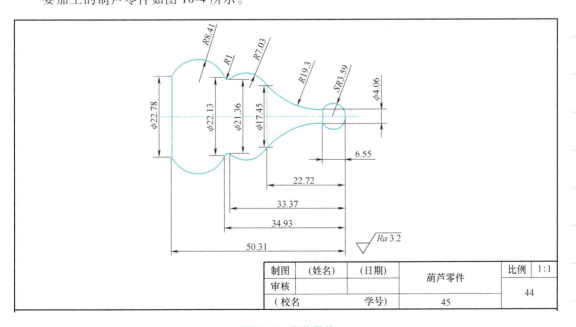

图 18-4　葫芦零件

1. 确定加工步骤，填写加工工艺卡（表 18-7）

表 18-7　加工工艺卡

零件图号		材料				毛坯尺寸	
零件名称		刀具	背吃刀量 a_p/mm	主轴转速 $n/(r/min)$	进给量 $f/(mm/r)$	设备型号	
工步	工步内容					工艺简图	
1							
2							
3							
4							
5							
6							
7							

2. 加工零件的质量检查及评分（表 18-8）

表 18-8　零件质量检查及评分

序号	项　　目	检测尺寸	配分	评分标准	自检	复检	得分
1	完整度	形状	50				
2	表面粗糙度值	$Ra3.2\mu m$	30	不合格不得分			
3	安全文明生产		20				
学生签名：			教师签名：			总分：	

六、实训小结

完成本实训项目的实训报告。

模块三　高级技能训练

项目十九　高级训练一

知识目标

1. 能正确分析和制订零件的加工工艺。
2. 能熟练运用各功能指令，正确编写零件的加工程序。
3. 能正确的选用刀具和量具。

技能目标

1. 能熟练掌握刀具装夹和对刀的操作方法。
2. 掌握加工零件的尺寸控制方法和切削用量的选择方法。

素养目标

1. 养成良好的安全文明生产意识。
2. 达到车工高级国家职业资格要求，具备职业生涯发展的基本素质与能力。

一、项目引入

图 19-1 所示为螺纹轴零件，该零件的毛坯为 ϕ50mm×70mm 的 45 钢。本项目要求正确地确定零件的加工工艺，正确地编写加工程序，并完成零件的加工。

二、项目分析

1. 工艺分析

该零件为螺纹轴，分左、右两端，须分正、反面调头加工，主要由外圆、外圆弧、外槽、外螺纹和内孔组成。先加工左端，即加工外圆、钻孔；再调头加工右端，控制全长、车外圆各部分、切槽、车螺纹。

2. 工具、量具及材料准备

1）刀具：90°外圆车刀、ϕ20mm 麻花钻、外螺纹车刀、ϕ16mm 镗刀、3mm 切槽刀各一把。

2）量具：0~200mm 游标卡尺、25~50mm 外径千分尺、25~50mm 内径千分尺各一套。

3）材料及规格：45 钢，ϕ50mm×70mm。

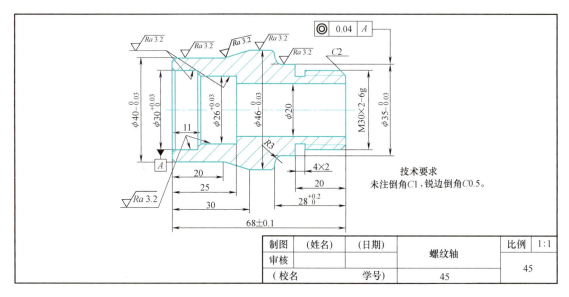

图 19-1 螺纹轴（一）

三、项目实施

1. 确定加工步骤，填写加工工艺卡（表 19-1）

表 19-1 加工工艺卡

零件图号	45		材料		45 钢		毛坯尺寸	$\phi50mm\times70mm$
零件名称	螺纹轴	刀具	背吃刀量 a_p /mm	主轴转速 n/ (r/min)	进给量 f/ (mm/r)		设备型号	CK6140A
工步	工步内容						工艺简图	
1	工件伸出长度大于 50mm，夹紧							
2	车端面	T01	1	600	0.2			
3	钻 $\phi20mm$ 通孔			400				
4	粗车外轮廓各部分，留余量 0.5mm	T01	1.5	600	0.2			
5	精车外轮廓至尺寸要求	T01	0.25	800	0.1			
6	粗车内轮廓各部分，留余量 0.3mm	T03	1.5	600	0.2			
7	精车内轮廓至尺寸要求	T03	0.15	800	0.1			
8	调头装夹已加工 $\phi40mm$ 外径							
9	车全长，控制全长 68mm	T01	1	600	0.2			
10	粗车外轮廓各部分，留余量 0.5mm	T01	1.5	600	0.2			
11	精车外轮廓至尺寸要求	T01	0.25	800	0.1			
12	切槽	T02		400	0.05			
13	车螺纹	T03		500	2			
14	自检							

2. 编写加工程序（表 19-2 和表 19-3）

表 19-2　加工程序（左端）

O0001；（左端）	T0303；
G99；	M03 S600；
T0101 M08；	G00 X20 Z2；
M03 S600；	G71 U1.3 R1；
G00 X51 Z2；	G71 P30 Q40 U-0.3 F0.2；
G71 U1.5 R1；	N30 G00 X32；
G71 P10 Q20 U0.5 W0.1 F0.2；	G01 Z0 F0.2；
N10 G00 X38；	X30 Z-1 F0.1；
G01 G42 Z0 F0.2；	Z-11；
X40 Z-1 F0.1；	X28 X26 W-1
Z-20；	Z-25；
X46 Z-30；	X20；
Z-42；	N40 G00 X20；
X50；	T0303；
N20 G00 G40 X51；	M03 S700；
T0101；	G00 X20 Z2；
M03 S800；	G70 P30 Q40；
G00 X51 Z2；	G00 X100 Z100；
G70 P10 Q20；	M30；
G00 X100 Z100；	

表 19-3　加工程序（右端）

O0002；（右端）	G00 X51 Z2；
G99；	G70 P10 Q20；
T0101 M08；	G00 X150 Z30；
M03 S600；	T0202；
G00 X51 Z2；	M03 S400；
G71 U1.5 R1；	G00 X32 Z-19；
G71 P10 Q20 U0.5 W0.1 F0.2；	G01 X26 F0.05；
N10 G00 X26；	X36 F0.3；
G01 G42 Z0 F0.2；	Z-20；
X29.85 Z-2 F0.1；	X26 F0.1；
Z-20；	Z-19.5；
X34；	X36 F0.3；
X35 W-0.5；	G00 X150 Z30；
Z-25；	T0303；
G02 X41 Z-28 R3；	M03 S500；
G01 X44；	G00 X32 Z5；
X46 W-1；	G76 P020260 Q100 R0.1；
X50；	G76 X27.4 Z-18 P1400 Q400 F2；
N20 G00 G40 X51；	G00 X150 Z30；
T0101；	M30；
M03 S800；	

3. 加工零件的质量检查及评分（表 19-4）

表 19-4　零件质量检查及评分

序号	项　　目	检测尺寸	配分	评分标准	自检	复检	得分
1	外圆	$\phi46_{-0.03}^{0}$ mm	8	超差不得分			
2	外圆	$\phi40_{-0.03}^{0}$ mm	8	超差不得分			
3	外圆	$\phi35_{-0.03}^{0}$ mm	8	超差不得分			
4	内孔	$\phi30_{0}^{+0.03}$ mm	8	超差不得分			
5	内孔	$\phi26_{0}^{+0.03}$ mm	8	超差不得分			
6	螺纹	M30×2-6g	10	超差不得分			
7	长度	$28_{0}^{+0.2}$ mm	5	超差不得分			
8	总长	（68±0.1）mm	5	超差不得分			
9	长度	30mm	5	不合格不得分			
10	长度	20mm 两处	4	不合格不得分			
11	长度	11mm、25mm	6	不合格不得分			
12	倒角	C2、C1、C0.5	3	不合格不得分			
13	槽	4mm×2mm	2	不合格不得分			
14	表面粗糙度值	Ra3.2μm 六处	5	不合格不得分			
15	同轴度	◎ 0.04 A	5	不合格不得分			
16	安全文明生产		10				
学生签名：			教师签名：			总分：	

四、拓展练习

本拓展练习要求正确地确定零件的加工工艺，正确地编写加工程序，并完成零件的加工，自检后填写评分表。

（一）拓展练习 1

根据图 19-2 所示螺纹轴完成拓展练习。

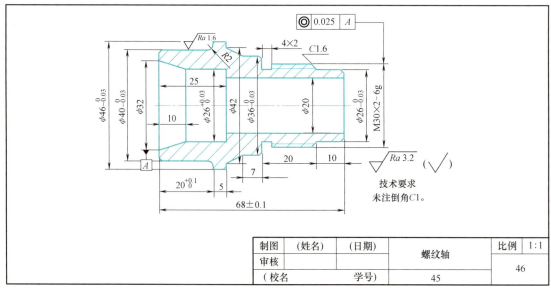

制图	（姓名）	（日期）	螺纹轴		比例	1:1
审核					46	
（校名）		学号）		45		

图 19-2　螺纹轴（二）

1. 确定加工步骤，填写加工工艺卡（表 19-5）

表 19-5 加工工艺卡

零件图号				材料				毛坯尺寸	
零件名称			刀具	背吃刀量 a_p/mm	主轴转速 $n/(\text{r/min})$	进给量 $f/(\text{mm/r})$		设备型号	
工步	工步内容							工艺简图	
1									
2									
3									
4									
5									
6									
7									
8									
9									
10									
11									
12									
13									
14									

2. 加工零件的质量检查及评分（表 19-6）

表 19-6 零件质量检查及评分

序号	项目	检测尺寸	配分	评分标准	自检	复检	得分
1	外圆	$\phi46_{-0.03}^{0}\text{mm}$	6	超差不得分			
2	外圆	$\phi40_{-0.03}^{0}\text{mm}$	6	超差不得分			
3	外圆	$\phi36_{-0.03}^{0}\text{mm}$	6	超差不得分			
4	外圆	$\phi26_{-0.03}^{0}\text{mm}$	6	超差不得分			
5	内孔	$\phi26_{0}^{+0.03}\text{mm}$	6	超差不得分			
6	内孔	$\phi32\text{mm}$	5	不合格不得分			
7	螺纹	M30×2-6g	10	不合格不得分			
8	长度	$20_{0}^{+0.1}\text{mm}$	6	超差不得分			
9	总长	$(68\pm0.1)\text{mm}$	6	超差不得分			
10	长度	10mm、25mm	6	不合格不得分			
11	长度	20mm、10mm	6	不合格不得分			
12	长度	7mm、5mm	6	不合格不得分			
13	倒角	C1.6、C1	3	不合格不得分			
14	槽	4mm×2mm	2	不合格不得分			
15	表面粗糙度值	$Ra3.2\mu\text{m}$、$Ra1.6\mu\text{m}$ 一处	5	不合格不得分			
16	同轴度	◎ 0.025 A	5	不合格不得分			
17	安全文明生产		10				
学生签名：			教师签名：			总分：	

（二）拓展练习2

根据图 19-3 所示螺纹轴完成拓展练习。

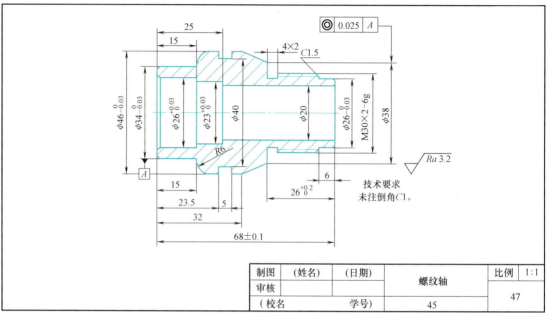

图 19-3 螺纹轴（三）

1. 确定加工步骤，填写加工工艺卡（表 19-7）

表 19-7 加工工艺卡

零件图号			材料		毛坯尺寸	
零件名称		刀具	背吃刀量 a_p/mm	主轴转速 n/(r/min)	进给量 f/(mm/r)	设备型号
工步	工步内容					工艺简图
1						
2						
3						
4						
5						
6						
7						
8						
9						
10						
11						
12						
13						
14						

2. 加工零件的质量检查及评分（表 19-8）

表 19-8　零件质量检查及评分

序号	项　目	检测尺寸	配分	评分标准	自检	复检	得分
1	外圆	$\phi 46_{-0.03}^{0}\,\mathrm{mm}$	6	超差不得分			
2	外圆	$\phi 38\,\mathrm{mm}$	6	不合格不得分			
3	外圆	$\phi 34_{-0.03}^{0}\,\mathrm{mm}$	6	超差不得分			
4	外圆	$\phi 26_{-0.03}^{0}\,\mathrm{mm}$	6	超差不得分			
5	内孔	$\phi 26_{0}^{+0.03}\,\mathrm{mm}$	6	超差不得分			
6	内孔	$\phi 23_{0}^{+0.03}\,\mathrm{mm}$	5	超差不得分			
7	螺纹	M30×2-6g	10	超差不得分			
8	长度	$26_{0}^{+0.2}\,\mathrm{mm}$	6	超差不得分			
9	总长	（68±0.1）mm	6	超差不得分			
10	孔深	15mm、25mm	6	不合格不得分			
11	长度	15mm、23.5mm	6	不合格不得分			
12	长度	32mm、6mm	6	不合格不得分			
13	倒角	C1.6、C1	3	不合格不得分			
14	槽	4mm×2mm、5mm×ϕ40mm	2	不合格不得分			
15	表面粗糙度值	$Ra3.2\mu m$	5	不合格不得分			
16	同轴度	◎ 0.025 A	5	不合格不得分			
17	安全文明生产		10				

学生签名：　　　　　　　　教师签名：　　　　　　　　　总分：

五、实训小结

完成本实训项目的实训报告。

项目二十　高级训练二

知识目标

1. 能正确分析和制订零件的加工工艺。
2. 能熟练运用各功能指令，正确编写零件的加工程序。
3. 能正确的选用刀具和量具。

技能目标

1. 能熟练掌握刀具装夹和对刀的操作方法。
2. 掌握加工零件的尺寸控制方法和切削用量的选择方法。

素养目标

1. 养成良好的安全文明生产意识。
2. 达到车工高级国家职业资格要求，具备职业生涯发展的基本素质与能力。

一、项目引入

图 20-1 所示为螺纹轴零件，零件毛坯为 $\phi50mm×70mm$ 的 45 钢。本项目要求正确地确定零件的加工工艺，正确地编写加工程序，并完成零件的加工。

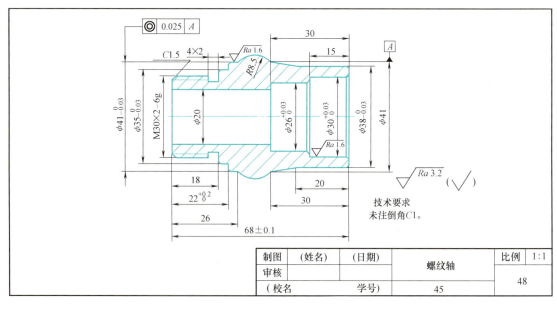

图 20-1　螺纹轴（一）

二、项目分析

1. 工艺分析

该零件为螺纹轴，分左、右两端，因此必须分正、反面调头加工，主要由外圆、外圆弧、外槽、外螺纹和内孔组成。先加工右端，车外圆，钻孔和车内孔，外圆必须把 $R8.5\text{mm}$ 圆弧的外径车好；再调头加工左端，控制全长，车外圆各部，切槽，车螺纹。

2. 工具、量具及材料准备

1）刀具：90°外圆车刀，$\phi20\text{mm}$ 麻花钻、外螺纹车刀、$\phi16\text{mm}$ 镗刀、3mm 外切槽刀各一把。

2）量具：0~200mm 游标卡尺、25~50mm 外径千分尺、25~50mm 内径千分尺各一套。

3）材料及规格：45 钢，$\phi50\text{mm}\times70\text{mm}$。

三、项目实施

1. 确定加工步骤，填写加工工艺卡（表 20-1）

表 20-1　加工工艺卡

零件图号	48		材料		45 钢		毛坯尺寸	$\phi50\text{mm}\times70\text{mm}$
零件名称	螺纹轴		刀具	背吃刀量 a_p	主轴转速 n/	进给量 f/	设备型号	CK6140A
工步	工步内容			/mm	(r/min)	(mm/r)	工艺简图	
1	工件伸出长度大于 48mm，夹紧							
2	车端面		T01	1	600	0.2		
3	钻孔，钻 $\phi20\text{mm}$ 通孔				400			
4	粗车外轮廓各部分，留余量 0.5mm		T01	1.5	600	0.2		
5	精车外轮廓至尺寸要求		T01	0.25	800	0.1		
6	粗车内轮廓各部分，留余量 0.3mm		T03	1.5	600	0.2		
7	精车内轮廓至尺寸要求		T03	0.15	800	0.1		
8	调头装夹已加工 $\phi38\text{mm}$ 外圆							
9	车全长，控制全长 68mm		T01	1	600	0.2		
10	粗车外轮廓各部分，留余量 0.5mm		T01	1.5	600	0.2		
11	精车外轮廓至尺寸要求		T01	0.25	800	0.1		
12	切槽		T02		400	0.05		
13	车螺纹		T03		500	2		
14	自检							

2. 编写加工程序（表 20-2 和表 20-3）

表 20-2　加工程序（右端）

O0001;（右端）	T0303;
G99	M03 S600;
T0101 M08;	G00 X20 Z2;
M03 S600;	G71 U1.3 R1;
G00 X51 Z2;	G71 P30 Q40 U−0.3 F0.2;
G73 U7 R6;	N30 G00 X32;
G73 P10 Q20 U0.5 W0.1 F0.2;	G01 Z0 F0.2;

（续）

N10 G00 X36；	X30 Z-1 F0.1；
G01 G42 Z0 F0.2；	Z-15；
X38 Z-1 F0.1；	X28 W-1；
Z-20；	Z-30；
X41 Z-30；	X20；
G03 X41 Z-42 R8.5；	N40 G00 X20；
G01X50；	T0303；
N20 G00 G40 X51；	M03 S700；
T0101；	G00 X20 Z2；
M03 S800；	G70 P30 Q40；
G00 X51 Z2；	G00 X100 Z100；
G70 P10 Q20；	M30；
G00 X100 Z100；	

表 20-3 加工程序（左端）

O0002；（左端）	G00 X51 Z2；
G99；	G70 P10 Q20；
T0101 M08；	G00 X150 Z30；
M03 S600；	T0202；
G00 X51 Z2；	M03 S400；
G71 U1.5 R1；	G00 X32 Z-17；
G71 P10 Q20 U0.5 W0.1 F0.2；	G01 X26 F0.05；
N10 G00 X26；	X36 F0.3；
G01 G42 Z0 F0.2；	Z-18；
X29.85 Z-2 F0.1；	X26 F0.1；
Z-18；	Z-17.5；
X33；	X36 F0.3；
X35 W-1；	G00 X150 Z30；
Z-22；	T0303；
X39；	M03 S500；
X42 W-1.5；	G00 X32 Z5；
X50；	G76 P020260 Q100 R0.1；
N20 G00 G40 X51；	G76 X27.4 Z-16 P1400 Q400 F2；
T0101；	G00 X150 Z30；
M03 S800；	M30；

3. 加工零件的质量检查及评分（表 20-4）

表 20-4　零件质量检查及评分

序号	项　目	检测尺寸	配分	评分标准	自检	复检	得分
1	外圆	$\phi41_{-0.03}^{0}$ mm	8	超差不得分			
2	外圆	$\phi38_{-0.03}^{0}$ mm	8	超差不得分			
3	外圆	$\phi35_{-0.03}^{0}$ mm	8	超差不得分			
4	外圆	$\phi41$ mm	2	不合格不得分			
5	内孔	$\phi30_{0}^{+0.03}$ mm	8	超差不得分			
6	内孔	$\phi26_{0}^{+0.03}$ mm	8	超差不得分			
7	螺纹	M30×2-6g	8	超差不得分			
8	长度	$22_{0}^{+0.2}$ mm	5	超差不得分			
9	总长	(68±0.1) mm	5	超差不得分			
10	长度	18mm、26mm	5	不合格不得分			
11	长度	20mm、30mm	4	不合格不得分			
12	长度	15mm、30mm	6	不合格不得分			
13	倒角	C1.5、C1	3	不合格不得分			
14	槽	4mm×2mm	2	不合格不得分			
15	表面粗糙度值	$Ra3.2\mu m$、$Ra1.6\mu m$ 两处	5	不合格不得分			
16	同轴度	◎ 0.025 A	5	不合格不得分			
17	安全文明生产		10				
学生签名：		教师签名：			总分：		

四、拓展练习

本拓展练习要求正确地确定零件的加工工艺，正确地编写加工程序，并完成零件的加工，自检后填写评分表。

（一）拓展练习1

根据图 20-2 所示螺纹轴完成拓展练习。

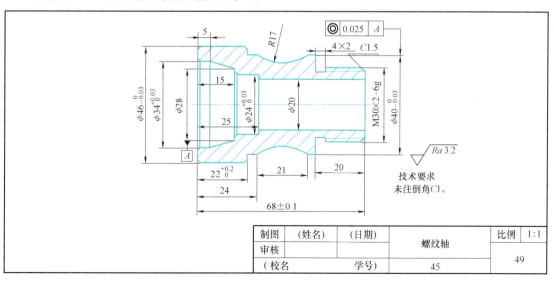

图 20-2　螺纹轴（二）

169

1. 确写加工步骤，填写加工工艺卡（表 20-5）

表 20-5　加工工艺卡

零件图号				材料				毛坯尺寸	
零件名称			刀具	背吃刀量 a_p/mm	主轴转速 n/(r/min)	进给量 f/(mm/r)		设备型号	
工步	工步内容							工艺简图	
1									
2									
3									
4									
5									
6									
7									
8									
9									
10									
11									
12									
13									
14									

2. 加工零件的质量检查及评分（表 20-6）

表 20-6　零件质量检查及评分

序号	项　目	检测尺寸	配分	评分标准	自检	复检	得分
1	外圆	$\phi 46_{-0.03}^{0}$ mm	8	超差不得分			
2	外圆	$\phi 40_{-0.03}^{0}$ mm	8	超差不得分			
3	内孔	$\phi 20$ mm	5	不合格不得分			
4	内孔	$\phi 34_{0}^{+0.03}$ mm	8	超差不得分			
5	内孔	$\phi 24_{0}^{+0.03}$ mm	8	超差不得分			
6	内孔	$\phi 28$ mm	5	不合格不得分			
7	螺纹	M30×2-6g	8	超差不得分			
8	长度	$22_{0}^{+0.2}$ mm	5	超差不得分			
9	总长	（68±0.1）mm	8	超差不得分			
10	长度	24mm、21mm、20mm	5	不合格不得分			
11	长度	5mm、15mm、25mm	5	不合格不得分			
12	倒角	$C1.5$、$C1$	4	不合格不得分			
13	槽	4mm×2mm	3	不合格不得分			
14	表面粗糙度值	$Ra3.2\mu m$	5	不合格不得分			
15	同轴度	◎ 0.025 A	5	不合格不得分			
16	安全文明生产		10				

学生签名：　　　　　　　　　　教师签名：　　　　　　　　　总分：

（二）拓展练习 2

根据图 20-3 所示螺纹轴完成拓展练习。

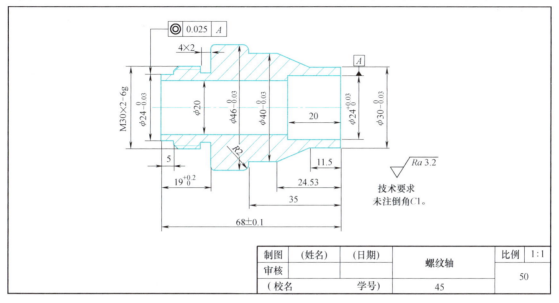

图 20-3 螺纹轴（三）

1. 确定加工步骤，填写加工工艺卡（表 20-7）

表 20-7 加工工艺卡

零件图号				材料			毛坯尺寸	
零件名称			刀具	背吃刀量 a_p/mm	主轴转速 n/（r/min）	进给量 f/（mm/r）	设备型号	
工步	工步内容						工艺简图	
1								
2								
3								
4								
5								
6								
7								
8								
9								
10								
11								
12								
13								
14								

2. 加工零件的质量检查及评分（表 20-8）

表 20-8　零件质量检查及评分

序号	项　目	检测尺寸	配分	评分标准	自检	复检	得分
1	外圆	$\phi 46_{-0.03}^{0}$ mm	8	超差不得分			
2	外圆	$\phi 40_{-0.03}^{0}$ mm	8	超差不得分			
3	外圆	$\phi 30_{-0.03}^{0}$ mm	8	超差不得分			
4	外圆	$\phi 20$ mm	8	不合格不得分			
5	外圆	$\phi 24_{-0.03}^{0}$ mm	8	不合格不得分			
6	内孔	$\phi 24_{0}^{+0.03}$ mm	8	超差不得分			
7	螺纹	M30×2-6g	8	超差不得分			
8	长度	$19_{0}^{+0.2}$ mm	5	超差不得分			
9	总长	（68±0.1）mm	5	超差不得分			
10	长度	11.5mm、24.53mm	5	不合格不得分			
11	长度	35mm、5mm	4	不合格不得分			
12	长度	20mm	2	不合格不得分			
13	倒角	C1	3	不合格不得分			
14	槽	4mm×2mm	2	不合格不得分			
15	表面粗糙度值	Ra3.2μm	3	不合格不得分			
16	同轴度	◎ 0.025 A	5	不合格不得分			
17	安全文明生产		10				
学生签名：			教师签名：			总分：	

五、实训小结

完成本实训项目的实训报告。

项目二十一　用户宏程序的应用

知识目标

1. 能正确制订零件的加工工艺。
2. 掌握宏程序的特点及 B 类宏程序的编写与加工方法。

技能目标

1. 掌握使用数控车床加工非圆曲线轮廓零件的程序编制方法。
2. 掌握加工零件的尺寸控制方法和切削用量的选择方法。

素养目标

1. 养成良好的安全文明生产意识。
2. 达到车工高级国家职业资格要求，具备职业生涯发展的基本素质与能力。

一、项目引入

图 21-1 所示为螺纹轴，编写加工程序，填写加工工艺卡，并完成零件的加工。

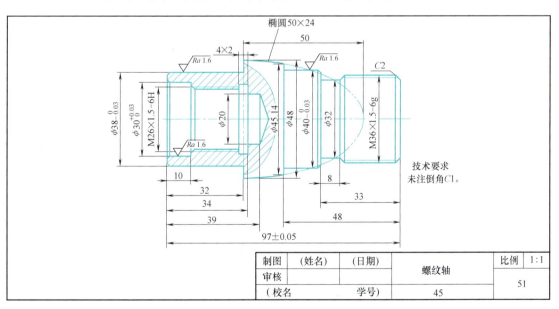

制图	(姓名)	(日期)	螺纹轴	比例	1:1
审核					51
(校名	学号)		45		

图 21-1　螺纹轴（一）

二、项目分析

1. 项目分析

　　该零件为螺纹轴，先加工右端，再加工左端，右端由台阶外圆、螺纹、沟槽和椭圆组成。将工件伸出 70mm，用自定心卡盘装夹夹紧，加工各外圆轮廓、切槽、车螺纹，调头装夹已加工 $\phi40\text{mm}$ 外圆，车左端各部分。对于椭圆，如果用常规的方法来进行加工，计算和编程的难度很大，但如果使用用户宏程序来编写程序，就能简化程序，避免复杂的计算。

2. 工具、量具及材料准备

1）刀具：90°外圆车刀，φ20mm 麻花钻、外螺纹车刀、φ16mm 镗刀、3mm 外切槽刀、4mm 内切槽刀、φ16mm 内螺纹车刀各一把。

2）量具：0~200mm 游标卡尺、25~50mm 外径千分尺、25~50mm 内径千分尺、螺纹环规和塞规各一套。

3）材料及规格：45 钢，φ50mm×99mm。

三、相关知识要点

（一）宏程序的概念

将一组命令所构成的功能像子程序一样事先存入存储器中，并用一个命令作为代表，执行时只需写出这个代表命令，就可以执行其功能。这一组命令称为用户宏主（本）体（或用户宏程序），简称用户宏（Custom Macro）指令。这个代表命令称为用户宏命令，也称为宏调用命令。用户宏程序功能有 A 和 B 两种类型，在一些较老的 FANUC 系统中采用 A 类宏程序，现在使用较少，目前的数控系统一般采用 B 类宏程序。在编程及加工过程中 B 类宏程序更方便、实用。下面主要讲 B 类宏程序。

（二）变量

用一个可赋值的代号代替具体的数值，这个代号就称为变量。使用用户宏程序的方便之处主要在于可以用变量代替具体数值，因而在加工同一类零件时，只需将实际的值赋予变量即可，不需要对每一个零件都编写一个程序。

（1）变量的表示　变量由变量符号"#"和变量号（阿拉伯数字）组成，如#1 和#20等。变量也可以由变量符号"#"和表达式组成，如# ［#1+10］等。

（2）变量的种类　按变量号可将变量分为局部（local）变量、公共（common）变量和系统（system）变量。#1~#33 为局部变量，#100~#199、#500~#999 为公共变量，#1000 为系统变量。

（3）变量的引用　普通程序总是将一个具体的数值赋值给一个地址，例如：

G01 X50.0 F0.1；

用宏变量：#1＝50.0，则改为：

G01 X#1 F0.1；

两者执行的结果是相同的。

（三）运算符和格式（表 21-1）

表 21-1　运算符和格式

类　型	功　能	运　算　符	格　式	说　明
算术运算符	和	+	#1＝#2+#3	
	差	−	#1＝#2−#3	
	积	*	#1＝#2 * #3	
	商	/	#1＝#2／#3	
条件运算符	等于	EQ	#1 EQ#3	#1＝#3
	不等	NE	#1 NE#2	#1≠#2
	小于	LT	#2 LT#3	#2<#3
	小于或等于	LE	#1 LE#3	#1≤#3
	大于	GT	#2 GT#3	#2>#3
	大于或等于	GE	#2 GE#3	#2≥#3
逻辑运算符	逻辑或	OR	#1 OR#3	
	与	AND	#2 AND#3	
	异或	XOR	#2 XOR#3	

（续）

类　型	功　能	运 算 符	格　式	说　明
函数	正弦	SIN	#2 = SIN［#3］	角度用角度单位指令，如：90°30′为90.5O
	余弦	COS	#2 = COS［#3］	
	正切	TAN	#2 = TAN［#3］	
	反正切	ATAN	#2 = ATAN［#3］	
	平方根	SQRT	#2 = SQRT［#3］	
	绝对值	ABS	#2 = ABS［#3］	

（四）语句

1. 无条件转移（GOTO n）

例如：

N10 G00 X80.0 Z10.0；

N20 G01 X50.0 F0.2；

N30 G01 Z0；

N40 GOTO 20；

表示执行 N40 程序段时，程序无条件转移到 N20 程序段继续运行。

2. 条件语句（IF 语句）

IF［<条件式>］GOTO n（n＝顺序号）

<条件式>成立时，从顺序号为 n 的程序段以下执行；<条件式>不成立时，执行下一个程序段。例如：

IF［#1GT30.0］GOTO 10；　　　　　如果条件不满足，则在循环内运行

G00 X50.0 Z5.0；

…

N10 G00 X100.0 Z100.0；　　　　　如果条件满足，则跳至 N10 语句

3. 循环语句（WHILE 语句）

WHILE［<条件式>］DO m（m＝顺序号）

…

END m

当<条件式>成立时，从 DO m 的程序段到 END m 的程序段重复执行；如果<条件式>不成立，则执行 END m 的下一个程序段。

（五）举例

以图 21-2 所示椭圆为例编写精加工程序。

O00001；　　　　　　　　　　　　　程序号

N01 #101 = 120.0；　　　　　　　　长半轴

N05 #102 = 50.0；　　　　　　　　　短半轴

N10 #103 = 120.0；　　　　　　　　Z 轴起始尺寸

N15 IF［#103LT1.0］GOTO45；　　　判断椭圆是否走到 Z 轴终点

N20 #104 = SQRT［#101 * #101−#103 * #103］；

N25 #105 = 50.0 * #104/120.0；　　　X 轴变量

N30 G01 X[2 * #105] Z[#103-120.0]；　　椭圆插补

N35 #103 = #103-0.2；　　Z 轴步距，每次 0.2mm

N40 GOTO15；

N45 G00 U20.0 Z2；　　退刀

IF 语句是当条件不满足时才执行下面的程序内容，如在 N15 中 #103 所代表的 120 不小于 0，即 N15 中的条件不成立，程序顺序往下执行到 N40 返回 N15 再重新判断确定是否继续执行。

而 WHILE 语句与之相反，当条件成立时才执行，图 21-2 所示椭圆的加工用 WHILE 语句编写的宏程序如下：

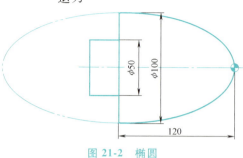

图 21-2　椭圆

O00002；　　程序号

N01 #1 = 120.0；　　长半轴

N05 #2 = 50.0；　　短半轴

N10 #3 = 120.0；　　Z 轴起始尺寸

N15 WHILE #3GE0；　　判断椭圆是否走到 Z 轴终点

N20 #4 = 50.0 * SQRT[#1 * #1-#3 * #3]/120.0；　　X 轴变量

N25 G01 X[2 * #4] Z[#103-120.0]；　　椭圆插补

N30

N35 #103 = #103-0.2；　　Z 轴步距，每次 0.2mm

N40 ENDW；

N45 G00 U20.0 Z2；　　退刀

四、项目实施

1. 确定加工步骤，填写加工工艺卡（表 21-2）

表 21-2　加工工艺卡

零件图号	51		材料		45 钢		设备型号		ϕ50mm×99mm
零件名称	螺纹轴	刀具	背吃刀量 a_p /mm	主轴转速 n/ (r/min)	进给量 f/ (mm/r)	设备型号		CK6140A	
工步	工步内容						工艺简图		
1	工件伸出长度大于 70mm，用自定心卡盘装夹夹紧								
2	车端面	T01	1	600	0.2				
3	粗车右端外圆轮廓（包括椭圆），各部留余量 0.5mm	T01	1.5	600	0.2				
4	精车右端外圆轮廓（包括椭圆）至尺寸要求	T01	0.25	800	0.1				
5	车 8mm 宽退刀槽	T02		400					
6	车螺纹	T03		500					

（续）

零件图号	51		材料		45 钢		毛坯尺寸		ϕ50mm×99mm
零件名称	螺纹轴	刀具	背吃刀量 a_p /mm	主轴转速 n/ (r/min)	进给量 f/ (mm/r)		设备型号		CK6140A
工步	工步内容						工艺简图		
7	调头装夹已加工 ϕ40mm 外圆								
8	控制全长尺寸（97±0.05）mm	T01	1	600	0.2				
9	钻 ϕ20mm×39mm 内孔	T07		400					
10	粗车外圆各部分，留余量 0.5mm	T01	1.5	600	0.2				
11	精车外圆各部分至尺寸要求	T01	0.25	800	0.1				
12	粗车内孔各部分，留余量 0.3mm	T02	1.5	600	0.2				
13	精车内孔各部分至尺寸要求	T02	0.25	800	0.1				
14	车内沟槽	T03		400			97±0.05		
15	车内螺纹	T04		400	1.5				
16	自检								

2. 编写加工程序（表 21-3）

表 21-3　加工程序（右端）

O0001;	N20 G00 G40 X51;
G99;	G00 X100 Z100;
T0101 M08;	M05;
M03 S800;	M00;
G00 X51 Z2;	T0101;
G73 U8 R6;	M03 S1000;
G73 P10 Q20 U0.5 F0.2;	G00 X51 Z2;
N10 G00 X32;	G70 P10 Q20;
G01 G42 Z0 F0.1;	G00 X100 Z100;
X35.8 Z-2;	T0202;
Z-33;	M03 S500;
X38;	G00 X38 Z-28;
X40 W-1;	G75 R0.5;
Z-48;	G75 X32 Z-33 P2000 Q2000 F0.05;
X45.14;	G00 X100 Z100;
#1=17;	T0303;
WHILE[#1GE0]DO1;	M03 S500;
#2=24*SQRT[50*50-#1*#1]/50;	G00 X40 Z5;
X[#2*2]Z[-65+#1]F0.1;	G76 P020260 Q100 R0.1;
#1=#1-0.1;	G76 X34.05 Z-29 P1100 Q400 F1.5;
END1;	G00 X100 Z100;
G01 Z-67;	T0101;
X50;	M30;

3. 注意事项

1）安全第一。实训必须在教师的指导下，严格按照数控车床的安全操作规程，有步骤地进行。

2）注意非圆曲线方程在实际编程中的应用。

3）合理给定相关参数编程的数值，提高非圆曲线的加工精度。

4）确定编程零点后，注意非圆曲线相关点的坐标计算。

5）机床在试运行前必须进行图形模拟加工，避免程序错误、刀具碰撞工件或卡盘。

4. 加工零件的质量检查及评分（表 21-4）

表 21-4　零件质量检查及评分

序号	项　目	检测尺寸	配分	评分标准	自检	复检	得分
1	外圆	$\phi 48$ mm	8	超差不得分			
2	外圆	$\phi 40_{-0.03}^{0}$ mm	8	超差不得分			
3	外圆	$\phi 38_{-0.03}^{0}$ mm	8	超差不得分			
4	外圆	$\phi 32$ mm	8	不合格不得分			
5	内孔	$\phi 30_{0}^{+0.03}$ mm	8	超差不得分			
6	内螺纹	M26×1.5-6H	8	超差不得分			
7	螺纹	M36×1.5-6g	8	超差不得分			
8	总长	（97±0.05）mm	4	超差不得分			
9	长度	32mm	3	超差不得分			
10	长度	33mm	3	不合格不得分			
11	长度	48mm	3	不合格不得分			
12	长度	34mm	3	不合格不得分			
13	长度	8mm×$\phi 32$mm	3	不合格不得分			
14	椭圆	椭圆 50mm×24mm	6	不合格不得分			
15	倒角	$C2$、$C1$	4	不合格不得分			
16	表面粗糙度值	$Ra1.6\mu m$ 三处	5	不合格不得分			
17	安全文明生产		10				
学生签名：			教师签名：			总分：	

五、拓展练习

本拓展练习要求正确地确定零件的加工工艺，正确地编写加工程序，并完成零件的加工，自检后填写评分表。

（一）拓展练习1

根据图 21-3 所示螺纹轴完成拓展练习。

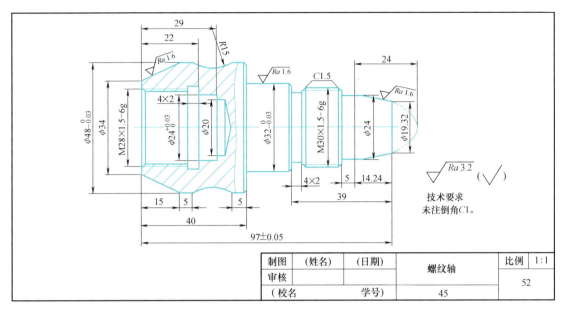

图 21-3　螺纹轴（二）

1. 确定加工步骤，填写加工工艺卡（表 21-5）

表 21-5　加工工艺卡

零件图号		材料				毛坯尺寸	
零件名称		刀具	背吃刀量 a_p/mm	主轴转速 n/（r/min）	进给量 f/（mm/r）	设备型号	
工步	工步内容					工艺简图	
1							
2							
3							
4							
5							
6							
7							
8							
9							
10							
11							
12							
13							
14							
15							
16							

2. 加工零件的质量检查及评分（表 21-6）

表 21-6　零件质量检查及评分

序号	项　目	检测尺寸	配分	评分标准	自检	复检	得分
1	螺纹	M30×1.5-6g	10	超差不得分			
2	外圆	$\phi 32_{-0.03}^{0}$ mm	10	超差不得分			
3	外圆	$\phi 48_{-0.03}^{0}$ mm	10	超差不得分			
4	内孔	$\phi 24_{0}^{+0.03}$ mm	10	不合格不得分			
5	螺纹	M28×1.5-6g	10	超差不得分			
6	椭圆	24mm×12mm	5	轮廓不对不得分			
7	圆弧	R15mm	5	不合格不得分			
8	槽	4mm×2mm	5	不合格不得分			
9	内沟槽	4mm×2mm	5	不合格不得分			
10	总长	（97±0.05）mm	10	超差不得分			
11	倒角	C1.5、C1	5	不合格不得分			
12	表面粗糙度值	$Ra3.2\mu m$、$Ra1.6\mu m$ 三处	5	不合格不得分			
13	安全文明生产		10				
学生签名：			教师签名：			总分：	

（二）拓展练习 2

根据图 21-4 所示螺纹轴完成拓展练习。

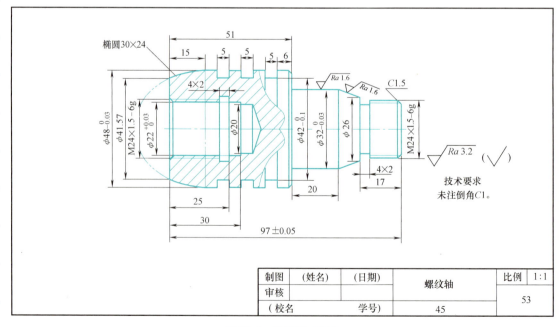

制图	（姓名）	（日期）	螺纹轴	比例	1:1
审核					
（校名）		学号）	45		53

图 21-4　螺纹轴（三）

1. 确定加工步骤，填写加工工艺卡（表 21-7）

表 21-7　加工工艺卡

零件图号			材料				毛坯尺寸	
零件名称			刀具	背吃刀量 a_p/mm	主轴转速 n/(r/min)	进给量 f/(mm/r)	设备型号	
工步	工步内容						工艺简图	
1								
2								
3								
4								
5								
6								
7								
8								
9								
10								
11								
12								
13								
14								
15								
16								

2. 加工零件的质量检查及评分（表 21-8）

表 21-8　零件质量检查及评分

序号	项　目	检测尺寸	配分	评分标准	自检	复检	得分
1	螺纹	M24×1.5-6g	10	超差不得分			
2	外圆	$\phi 32_{-0.03}^{0}$ mm	10	超差不得分			
3	外圆	$\phi 48_{-0.03}^{0}$ mm	10	超差不得分			
4	孔	$\phi 22_{0}^{+0.03}$ mm	10	不合格不得分			
5	螺纹	M24×1.5-6g	10	超差不得分			
6	椭圆	30mm×24mm	5	轮廓不对不得分			
7	槽	5mm×$\phi 42_{-0.1}^{0}$ mm 三处	5	超差不得分			
8	槽	4mm×2mm	5	不合格不得分			
9	内沟槽	4mm×2mm	5	不合格不得分			
10	总长	(97±0.05)mm	10	超差不得分			
11	倒角	$C1.5\mu m$	5	不合格不得分			
12	表面粗糙度值	$Ra1.6\mu m$ 两处、$Ra3.2\mu m$	5	不合格不得分			
13	安全文明生产		10				
学生签名：			教师签名：			总分：	

六、实训小结

完成本实训项目的实训报告。

项目二十二　高级训练四

知识目标

1. 能正确的制订零件的加工工艺。

2. 掌握宏程序的特点及 B 类宏程序的编写与加工方法。

技能目标

1. 掌握使用数控车床加工非圆曲线轮廓零件的程序编制方法。

2. 掌握加工零件的尺寸控制方法和切削用量的选择方法。

素养目标

1. 养成良好的安全文明生产意识。

2. 达到车工高级国家职业资格要求，具备职业生涯发展的基本素质与能力。

一、项目引入

图 22-1 所示为螺纹轴，编写加工程序，填写加工工艺卡，并完成零件的加工。

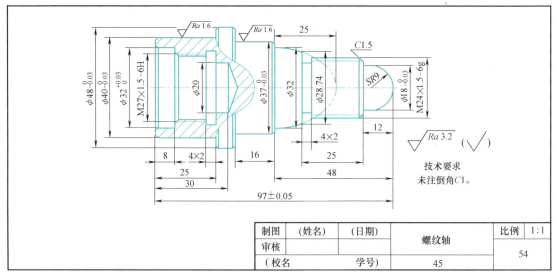

图 22-1　螺纹轴（一）

二、项目分析

1. 工艺分析

该零件为螺纹轴，先加工右端，再加工左端，右端由台阶外圆、螺纹、沟槽、圆球和椭圆组成。将工件伸出长度大于 74mm，用自定心卡盘装夹夹紧，加工各外圆轮廓、切槽、车螺纹，调头装夹已加工 ϕ40mm 外圆，车左端各部分。

2. 工具、量具及材料准备

1）刀具：90°外圆车刀、ϕ20mm 麻花钻、外螺纹车刀，ϕ16mm 镗刀，3mm 外切槽刀、

4mm 内切槽刀、ϕ16mm 内螺纹车刀各一把。

2）量具：0～200mm 游标卡尺、25～50mm 外径千分尺、25～50mm 内径千分尺、螺纹环规和塞规各一套。

3）材料及规格：45 钢，ϕ50mm×100mm。

三、项目实施

1. 确定加工步骤，填写加工工艺卡（表 22-1）

表 22-1　加工工艺卡

零件图号	54		材料	45 钢		毛坯尺寸	ϕ50mm×100mm
零件名称	螺纹轴	刀具	背吃刀量 a_p /mm	主轴转速 n/ (r/min)	进给量 f/ (mm/r)	设备型号	CK6140A
工步	工步内容					工艺简图	
1	工件伸出长度大于 74mm，用自定心卡盘装夹	T01		600	0.2		
2	车端面	T01	1	600	0.2		
3	粗车右端外圆轮廓（包括椭圆）各部分，留余量 0.5mm	T01	1.5	800	0.1		
4	精车右端外圆轮廓（包括椭圆），至尺寸要求	T02	0.25	400	0.1		
5	车 4mm 宽退刀槽	T03		500			
6	车螺纹	T01		600	F2		
7	调头装夹已加工 ϕ40mm 外圆						
8	控制全长尺寸(97±0.05)mm	T01	1	600	0.2		
9	钻 ϕ20mm×30mm 内孔	T07		400			
10	粗车外圆各部分，留余量 0.5mm	T01	1.5	600	0.2		
11	精车外圆各部分至尺寸要求	T01	0.25	800	0.1		
12	粗车内孔各部分，留余量 0.3mm	T04	1.3	600	0.2		
13	精车内孔各部分至尺寸要求	T04	0.15	800	0.1		
14	车内沟槽	T05		400			
15	车内螺纹	T06		400	1.5		
16	自检						

2. 编写加工程序（表 22-2）

表 22-2　加工程序（右端）

O0001；	G01 Z−73；
G99；	X50；
T0101 M08；	N20 G00 G40 X51；
M03 S800；	G00 X100 Z100；
G00 X51 Z2；	M05；

（续）

G73 U25 R20;	M09;
G73 P10 Q20 U0.5 F0.2;	M00;
N10 G00 X0;	T0101;
G01 G42 Z0 F0.1;	M03 S1000;
G03 X18 Z−9 R9;	G00 X51 Z2;
G01 Z−12;	G70 P10 Q20;
X21;	G00 X100 Z100;
X23.85 W−1.5;	T0202;
Z−37;	M03 S500;
X28.74;	G00 X25 Z−36;
#1 = 11;	G75 R0.5;
WHILE[#1GE0]DO1;	G75 X20 Z−37 P2000 Q2000 F0.05;
#2 = 16 * SQRT[25 * 25−#1 * #1]/25;	G00 X100 Z100;
X[#2 * 2]Z[−48+#1]F0.1;	T0303;
#1 = #1−0.1;	M03 S500;
END1;	G00 X27 Z−5;
X35;	G76 P020260 Q100 R0.1;
X37 W−1;	G76 X32.05 Z−35 P1100 Q400 F1.5;
Z−64;	G00 X100 Z100;
X46;	T0101;
X48 W−1;	M30;

3. 加工零件的质量检查及评分（表 22-3）

表 22-3　零件质量检查及评分

序号	项 目	检测尺寸	配分	评分标准	自检	复检	得分
1	螺纹	M24×1.5-6g	10	超差不得分			
2	外圆	$\phi18_{-0.03}^{0}$ mm	8	超差不得分			
3	外圆	$\phi37_{-0.03}^{0}$ mm	8	超差不得分			
4	外圆	$\phi40_{-0.03}^{0}$ mm	8	超差不得分			
5	外圆	$\phi48_{-0.03}^{0}$ mm	8	超差不得分			
6	内孔	$\phi32_{0}^{+0.03}$ mm	8	超差不得分			
7	螺纹	M27×1.5-6H	10	超差不得分			
8	椭圆	25mm×16mm	10	轮廓不对不得分			
9	外槽	4mm×2mm	2	不合格不得分			
10	内槽	4mm×2mm	2	不合格不得分			
11	总长	（97±0.05）mm	7	超差不得分			
12	倒角	C1.5、C1	4	不合格不得分			
13	表面粗糙度值	Ra1.6μm 两处、Ra3.2μm	5	不合格不得分			
14	安全文明生产		10				
学生签名：		教师签名：			总分：		

四、拓展练习

本拓展练习要求正确地确定零件的加工工艺，正确地编写加工程序，并完成零件的加工，自检后填写评分表。

（一）拓展练习1

根据图 22-2 所示螺纹轴完成拓展练习。

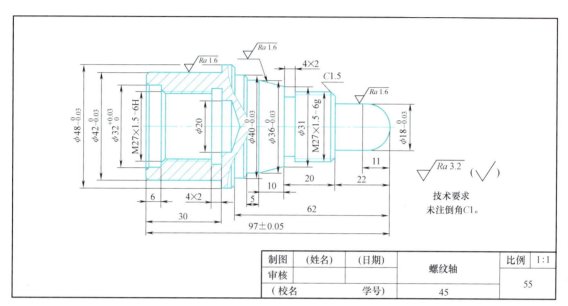

图 22-2　螺纹轴（二）

1. 确定加工步骤，填写加工工艺卡（表 22-4）

表 22-4　加工工艺卡

零件图号			材料			毛坯尺寸	
零件名称		刀具	背吃刀量 a_p/mm	主轴转速 n/（r/min）	进给量 f/（mm/r）	设备型号	
工步	工步内容					工艺简图	
1							
2							
3							
4							
5							
6							
7							
8							
9							
10							
11							
12							
13							
14							
15							
16							

2. 加工零件的质量检查及评分（表 22-5）

表 22-5　零件质量检查及评分

序号	项　目	检测尺寸	配分	评分标准	自检	复检	得分
1	螺纹	M27×1.5-6g	10	超差不得分			
2	外圆	$\phi 40_{-0.03}^{0}$ mm	6	超差不得分			
3	外圆	$\phi 36_{-0.03}^{0}$ mm	6	超差不得分			
4	外圆	$\phi 42_{-0.03}^{0}$ mm	6	超差不得分			
5	外圆	$\phi 48_{-0.03}^{0}$ mm	6	超差不得分			
6	外圆	$\phi 18_{-0.03}^{0}$ mm	6	超差不得分			
7	孔	$\phi 32_{0}^{+0.03}$ mm	6	超差不得分			
8	螺纹	M27×1.5-6H	10	超差不得分			
9	椭圆	11mm×9mm	10	轮廓不对不得分			
10	外沟槽	4mm×2mm	4	不合格不得分			
11	内沟槽	4mm×2mm	5	不合格不得分			
12	总长	（97±0.05）mm	5	超差不得分			
13	倒角	C1.5、C1	5	不合格不得分			
14	表面粗糙度值	$Ra3.2\mu m$、$Ra1.6\mu m$ 三处	5	不合格不得分			
15	安全文明生产		10				
学生签名：			教师签名：			总分：	

（二）拓展练习 2

根据图 22-3 所示螺纹轴完成拓展练习。

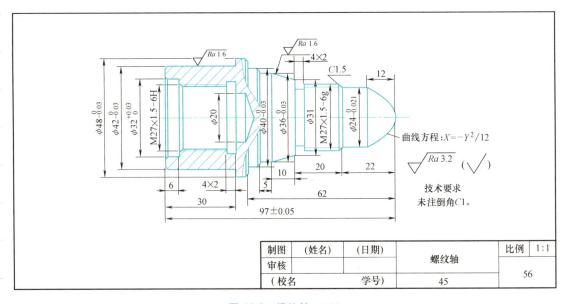

图 22-3　螺纹轴（三）

1. 确定加工步骤，填写加工工艺卡（表 22-6）

表 22-6　加工工艺卡

零件图号				材料				毛坯尺寸	
零件名称			刀具	背吃刀量 a_p /mm	主轴转速 n /(r/min)	进给量 f /(mm/r)		设备型号	
工步	工步内容							工艺简图	
1									
2									
3									
4									
5									
6									
7									
8									
9									
10									
11									
12									
13									
14									
15									
16									

2. 加工零件的质量检查及评分（表 22-7）

表 22-7　零件质量检查及评分

序号	项目	检测尺寸	配分	评分标准	自检	复检	得分
1	螺纹	M27×1.5-6g	10	超差不得分			
2	外圆	$\phi 40^{0}_{-0.03}$ mm	6	超差不得分			
3	外圆	$\phi 36^{0}_{-0.03}$ mm	6	超差不得分			
4	外圆	$\phi 42^{0}_{-0.03}$ mm	6	超差不得分			
5	外圆	$\phi 48^{0}_{-0.03}$ mm	6	超差不得分			
6	外圆	$\phi 24^{0}_{-0.021}$ mm	6	超差不得分			
7	孔	$\phi 32^{+0.03}_{0}$ mm	6	超差不得分			
8	螺纹	M27×1.5-6H	10	超差不得分			
9	曲线方程	$X = -Y^2/12$	10	轮廓不对不得分			
10	外沟槽	4mm×2mm	4	不合格不得分			
11	内沟槽	4mm×2mm	4	不合格不得分			
12	总长	(97±0.05) mm	6	超差不得分			
13	倒角	C1.5、C1	5	少一处扣0.8分			
14	表面粗糙度值	Ra3.2μm、Ra1.6μm 两处	5	不合格不得分			
15	安全文明生产		10				
学生签名：			教师签名：			总分：	

五、实训小结

完成本实训项目的实训报告。

知识目标

1. 能正确制订零件的加工工艺。
2. 掌握宏程序的特点及 B 类宏程序的编写与加工方法。

技能目标

1. 掌握使用数控车床加工非圆曲线轮廓零件的程序编制方法。
2. 掌握加工零件的尺寸控制方法和切削用量的选择方法。
3. 掌握组合件的加工和装配方法。

素养目标

1. 养成良好的安全文明生产意识。
2. 达到车工高级国家职业资格要求，具备职业生涯发展的基本素质与能力。

一、项目引入

图 23-1 所示为两件配组合件，对各零件进行工艺分析，填写加工工艺卡，编写加工程

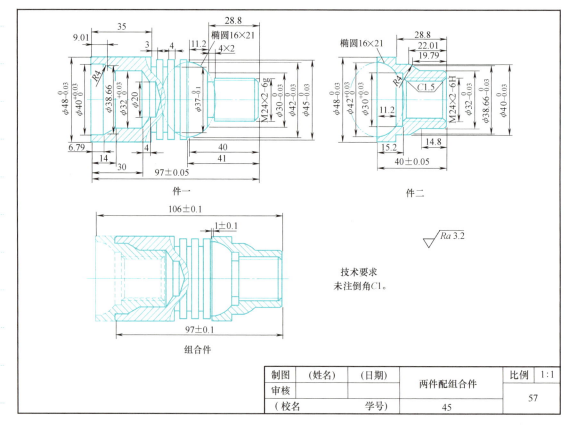

图 23-1　两件配组合件（一）

序，并完成零件的加工。

二、项目分析

1. 工艺分析

如图 23-1 所示，此零件为两件配组合件。应先加工螺纹轴，螺纹轴包括外圆、内孔、槽、螺纹和椭圆。为了便于装夹定位，应先加工螺纹轴的左边外圆和内孔，再调头装夹已加工 ϕ48mm 外圆，加工右边外圆、椭圆、槽和螺纹。

螺纹套应先加工左端外圆和内孔，再装夹已加工 ϕ48mm 外圆，车右端外圆和内螺纹。

2. 工具、量具及材料准备

1）刀具：90°外圆车刀，ϕ20mm 麻花钻、外螺纹车刀、ϕ16mm 镗刀、3mm 外切槽刀各一把。

2）量具：0～200mm 游标卡尺、25～50mm 外径千分尺、25～50mm 内径千分尺各一套。

3）材料及规格：45 钢，ϕ50mm×100mm、ϕ50mm×45mm。

三、项目实施

1. 确定加工步骤，填写加工工艺卡（表 23-1 和表 23-2）

表 23-1 加工工艺卡（件一）

零件图号	57		材料	45 钢	毛坯尺寸	ϕ50mm×100mm
零件名称	两件配合件	刀具	背吃刀量 a_p /mm	主轴转速 n/ (r/min)	进给量 f/ (mm/r)	设备型号	CK6140A
工步	工步内容					工艺简图
1	工件伸出长度大于 40mm，夹紧					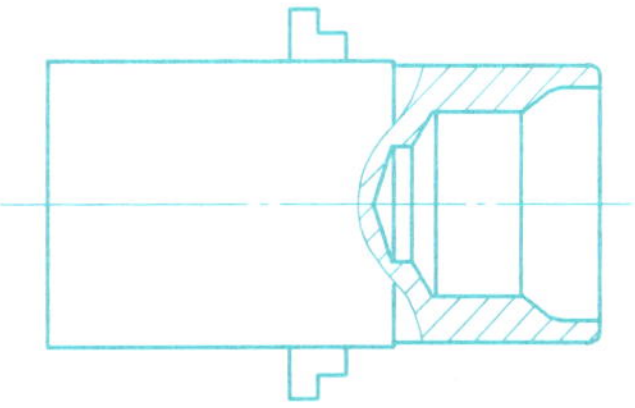
2	车端面	T01	1	600	0.2	
3	钻孔 ϕ20mm×40mm 内孔	T07		400		
4	粗车外圆轮廓各部分，留余量 0.5mm	T01	1.5	600	0.2	
5	精车外圆轮廓至尺寸	T01	0.25	800	0.1	
6	粗车内孔轮廓各部分，留余量 0.3mm	T03	1.5	600	0.2	
7	精车内孔轮廓至尺寸	T03	0.15	800	0.1	
8	调头装夹已加工 ϕ48mm 外圆					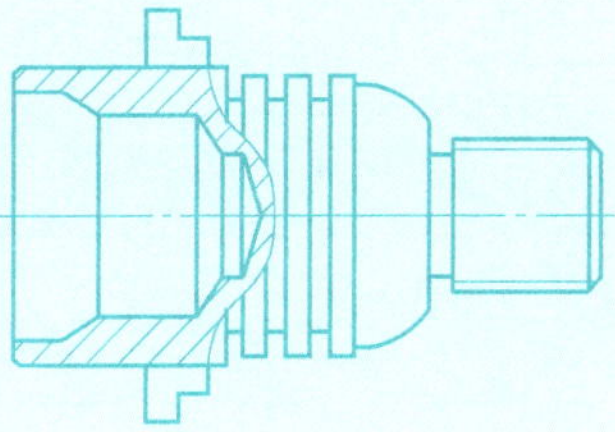
9	车全长，控制全长尺寸（97±0.05）mm	T01	1	600	0.2	
10	粗车外圆轮廓各部分，留余量 0.5mm	T01	1.5	600	0.2	
11	精车外圆轮廓至尺寸	T01	0.25	800	0.1	
12	车槽	T02		400	0.05	
13	自检					

表 23-2 加工工艺卡（件二）

零件图号	57		材料	45 钢		毛坯尺寸	$\phi 50mm \times 45mm$
零件名称	两件配合件	刀具	背吃刀量 a_p /mm	主轴转速 n/ (r/min)	进给量 f/ (mm/r)	设备型号	CK6140A
工步	工步内容					工艺简图	
1	工件伸出长度大于 20mm，夹紧						
2	车端面	T01	1	600	0.2		
3	钻 $\phi 20mm$ 通孔	T07		400			
4	粗车外圆轮廓各部分，留余量 0.5mm	T01	1.5	600	0.2		
5	精车外圆轮廓至尺寸		0.25	800	0.1		
6	粗车内孔轮廓各部分，留余量 0.3mm	T03	1.5	600	0.2		
7	精车内孔轮廓至尺寸	T03	0.15	800	0.1		
8	调头装夹已加工 $\phi 48mm$ 外圆，注意伸出长度						
9	车全长，控制全长尺寸（40 ± 0.05）mm	T01	1	600	0.2		
10	粗车外圆轮廓各部分，留余量 0.5mm	T01	1.5	600	0.2		
11	精车外圆轮廓至尺寸	T01	0.25	800	0.1		
12	孔口倒角	T03					
13	车内螺纹	T04		400	2		
14	自检						

2. 编写加工程序（表 23-3 和表 23-4）

表 23-3 加工程序（件一右端程序）

O0001;	M00;
G99;	T0101 M08;
T0101 M08;	M03 S1000;
M03 S800;	G00 X51 Z2;
G00 X51 Z2;	G70 P10 Q20;
G73 U15 R10;	G00 X100 Z100;
G73 P10 Q20 U0.5 W0.2 F0.2;	T0202;
N10 G00 X22;	M03 S500;
G01 G42 Z0 F0.1;	G00 X32 Z-27.8;
X23.8 Z-1;	G01 X25 F0.5;
Z-28.8;	G75 R0.5;
X30;	G75 X20 Z-28.8 P2000 Q2000 F0.05;
#1=11.2;	G00 X47;
WHILE[#1GE0]DO1;	Z-48;

（续）

#2＝21＊SQRT［16＊16-#1＊#1］/16；	G01 X45.5 F0.5；
G01 X［#2＊2］Z［-40+#1］F0.1；	G75 R0.5；
#1＝#1-0.1；	G75 X36.9 Z-62 P2000 Q7000 F0.05；
END1；	G00 X100 Z100；
G01 Z-41；	T0303；
X44；	M03 S500；
X45 W-0.5；	G00 X28 Z5；
Z-62；	G76 P010560 Q100 R0.1；
X50；	G76 X21.4 Z-26.5 P1400 Q400 F2；
N20 G01 G40 X51；	G00 X100 Z100；
G00 X100 Z100；	T0101；
M05；	M30；

表 23-4　加工程序（件二孔的加工程序）

O0002；	N20 G00 G40 X20；
G99；	T0303；
T0101 M08；	M03 S800；
M03 S800；	G00 X20 Z2；
G00 X52 Z2；	G70 P10 Q20；
G01 Z0 F0.3；	G00 100 Z100；
X18 F0.2；	T0303；
G00 Z1；	M03 S800；
X47；	G00 X42 Z2；
G01 Z0 F0.3；	G01 G41 Z0 F0.2；
X48 Z-0.5 F0.1；	#1＝0；
Z-13；	WHILE［#1GE-11.2］D01
X50 F0.2；	#2＝21＊SQRT［16＊16-#1＊#1］/16；
G00 X100 Z100；	G01［#2＊2］Z［#1］F0.1；
T0303；	#1＝#1-0.2；
M03 S600；	END1；
G00 X20 Z2；	G00 G40 X100；
G71 U1.5 R1；	T0404；
G71 P10 Q20 U-0.3 F0.2；	M03 S500；
N10 G00 X41.5；	G00 X20 Z5；
G01 G41 Z0 F0.2；	G76 P010560 Q100 R0.1；
X39 Z-11.2 F0.1；	G76 X24 Z-44 P1100 Q400 F2；
Z-15.2；	G00 Z100；
X25；	X100；
X22 W-1.5；	T0101；
Z-42；	M30；

3. 加工零件的质量检查及评分（表 23-5 和表 23-6）

表 23-5　零件质量检查及评分（件一，占 70%）

序号	项　目	检测尺寸	配分	评分标准	自检	复检	得分
1	外圆	$\phi48_{-0.03}^{0}$mm	7	超差不得分			
2	外圆	$\phi45_{-0.03}^{0}$mm	7	超差不得分			
3	外圆	$\phi42_{-0.03}^{0}$mm	7	超差不得分			
4	外圆	$\phi37_{-0.1}^{0}$mm	7	超差不得分			
5	内孔	$\phi40_{0}^{+0.03}$mm	7	超差不得分			
6	内孔	$\phi32_{0}^{+0.03}$mm	7	超差不得分			
7	螺纹	M24×2-6g	7	超差不得分			
8	总长	(97±0.05)mm	7	超差不得分			
9	长度	14mm、30mm	4	不合格不得分			
10	长度	41mm、35mm	4	不合格不得分			
11	圆弧	$R4$mm	3	不合格不得分			
12	倒角	$C1$	3	不合格不得分			
13	槽	$\phi37$mm×3mm，三处	5	不合格不得分			
14	表面粗糙度值	$Ra3.2\mu$m	5	不合格不得分			
15	椭圆	16mm×21mm	10	不合格不得分			
16	安全文明生产		10				
学生签名：			教师签名：			总分：	

表 23-6　零件质量检查及评分（件二，占 30%）

序号	项　目	检测尺寸	配分	评分标准	自检	复检	得分
1	外圆	$\phi48_{-0.03}^{0}$mm	8	超差不得分			
2	外圆	$\phi40_{-0.03}^{0}$mm	8	超差不得分			
3	外圆	$\phi32_{-0.03}^{0}$mm	8	超差不得分			
4	内孔	$\phi42_{0}^{+0.03}$mm	8	超差不得分			
5	内孔	$\phi30_{0}^{+0.03}$mm	8	超差不得分			
6	螺纹	M24×2-6H	8	超差不得分			
7	总长	(40±0.05)mm	8	超差不得分			
8	长度	11.2mm、15.2mm	6	不合格不得分			
9	长度	14.8mm、28.8mm	6	不合格不得分			
10	圆弧	$R4$mm	3	不合格不得分			
11	倒角	$C1.5$、$C1$	4	不合格不得分			
12	表面粗糙度值	$Ra3.2\mu$m	5	不合格不得分			
13	椭圆	16mm×21mm	10	不合格不得分			
14	安全文明生产		10				
学生签名：			教师签名：			总分：	

四、拓展练习

本拓展练习要求正确地确定零件的加工工艺，正确地编写加工程序，并完成零件的加工，自检后填写评分表。

（一）拓展练习1

根据图 23-2 所示的两件配组合件完成拓展练习。材料及规格：45 钢，$\phi50\text{mm}\times100\text{mm}$、$\phi50\text{mm}\times50\text{mm}$。

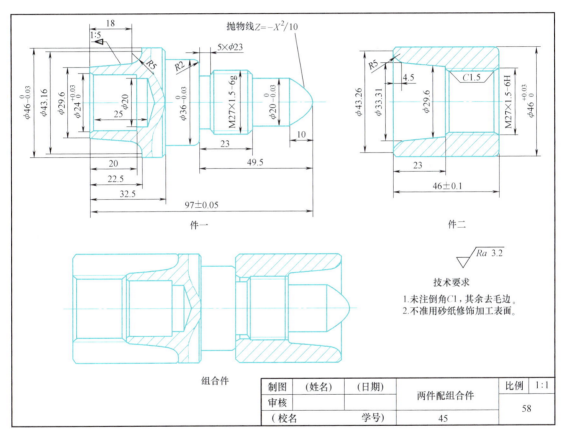

图 23-2 两件配组合件（二）

1. 确定加工步骤，填写加工工艺卡（表 23-7 和表 23-8）

表 23-7 加工工艺卡（件一）

零件图号			材料				毛坯尺寸	
零件名称			刀具	背吃刀量 a_p/mm	主轴转速 n/(r/min)	进给量 f/(mm/r)	设备型号	
工步		工步内容					工艺简图	
1								
2								
3								
4								
5								
6								
7								

（续）

零件图号				材料			毛坯尺寸	
零件名称			刀具	背吃刀量 a_p/mm	主轴转速 n/(r/min)	进给量 f/(mm/r)	设备型号	
工步	工步内容						工艺简图	
8								
9								
10								
11								
12								
13								
14								

表 23-8　加工工艺卡（件二）

零件图号				材料			毛坯尺寸	
零件名称			刀具	背吃刀量 a_p/mm	主轴转速 n/(r/min)	进给量 f/(mm/r)	设备型号	
工步	工步内容						工艺简图	
1								
2								
3								
4								
5								
6								
7								
8								
9								
10								
11								
12								
13								
14								

2. 加工零件的质量检查及评分（表 23-9 和表 23-10）

表 23-9　零件质量检查及评分（件一，占 70%）

序号	项目	检测尺寸	配分	评分标准	自检	复检	得分
1	外圆	$\phi46_{-0.03}^{0}$mm	8	超差不得分			
2	外圆	$\phi20_{-0.03}^{0}$mm	8	超差不得分			
3	外圆	$\phi36_{-0.03}^{0}$mm	8	超差不得分			
4	内孔	$\phi24_{0}^{+0.03}$mm	8	超差不得分			
5	螺纹	M27×1.5-6g	8	超差不得分			
6	长度	22.5mm、32.5mm	4	不合格不得分			
7	长度	20mm	2	不合格不得分			
8	总长	(97±0.05)mm	8	超差不得分			
9	长度	23mm、49.5mm	4	不合格不得分			
10	长度	10mm、64.5mm	4	不合格不得分			
11	圆弧	R2mm、R5mm	4	不合格不得分			
12	倒角	C1	6	不合格不得分			
13	槽	$\phi23mm×5mm$	4	不合格不得分			
14	表面粗糙度值	$Ra3.2\mu m$	4	不合格不得分			
15	抛物线	$Z=-X^2/10$	10	不合格不得分			
16	安全文明生产		10				
学生签名：		教师签名：			总分：		

表 23-10　零件质量检查及评分（件二，占 30%）

序号	项目	检测尺寸	配分	评分标准	自检	复检	得分
1	外圆	$\phi 46^{+0.03}_{0}$ mm	15	超差不得分			
2	锥度	$\phi 33.31$mm、$\phi 29.6$mm	15	不合格不得分			
3	螺纹	M27×1.5-6H	15	超差不得分			
4	总长	(46±0.1) mm	15	超差不得分			
5	长度	23mm	6	不合格不得分			
6	圆弧	R5mm	4	不合格不得分			
7	倒角	C1.5、C1	10	不合格不得分			
8	安全文明生产		20				
学生签名：			教师签名：			总分：	

（二）拓展练习 2

根据图 23-3 所示的两件配组合件完成拓展练习。材料及规格：45 钢，$\phi 50$mm×100mm、$\phi 50$mm×54mm。

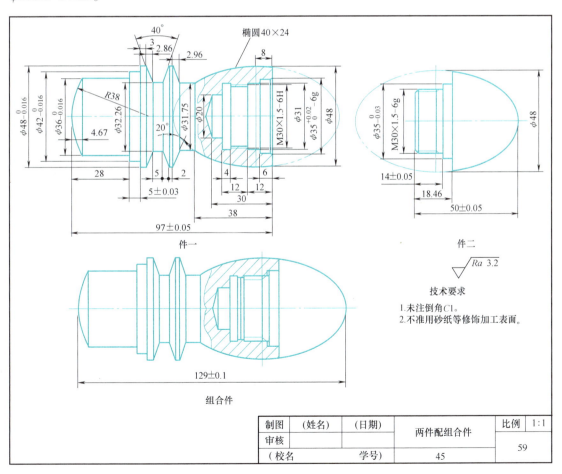

图 23-3　两件配组合件（三）

1. 确定加工步骤，填写加工工艺卡（表 23-11 和表 23-12）

表 23-11　加工工艺卡（件一）

零件图号				材料			毛坯尺寸	
零件名称		刀具	背吃刀量 a_p/mm	主轴转速 n/(r/min)	进给量 f/(mm/r)		设备型号	
工步	工步内容						工艺简图	
1								
2								
3								
4								
5								
6								
7								
8								
9								
10								
11								
12								
13								
14								

表 23-12　加工工艺卡（件二）

零件图号				材料			毛坯尺寸	
零件名称		刀具	背吃刀量 a_p/mm	主轴转速 n/(r/min)	进给量 f/(mm/r)		设备型号	
工步	工步内容						工艺简图	
1								
2								
3								
4								
5								
6								
7								
8								
9								
10								
11								
12								
13								
14								

2. 加工零件的质量检查及评分（表 23-13 和表 23-14）

表 23-13 零件质量检查及评分（件一，占 70%）

序号	项　目	检测尺寸	配分	评分标准	自检	复检	得分
1	外圆	$\phi48_{-0.016}^{0}$ mm	8	超差不得分			
2	外圆	$\phi42_{-0.016}^{0}$ mm	8	超差不得分			
3	外圆	$\phi36_{-0.016}^{0}$ mm	8	超差不得分			
4	外圆	$\phi35_{0}^{+0.02}$-6g	8	超差不得分			
5	外圆	$\phi32.26$ mm	3	不合格不得分			
6	内孔	$\phi35_{0}^{+0.02}$ mm	8	超差不得分			
7	内孔	$\phi31$ mm	3	不合格不得分			
8	螺纹	M30×1.5-6H	7	超差不得分			
9	长度	（5±0.03）mm	6	超差不得分			
10	总长	（97±0.05）mm	6	超差不得分			
11	长度	38mm、28mm	2	不合格不得分			
12	长度	5mm、3mm、2mm	3	不合格不得分			
13	长度	12mm、6mm	2	不合格不得分			
14	椭圆	椭圆 40mm×24mm	10	不合格不得分			
15	倒角	$C1$	3	不合格不得分			
16	表面粗糙度值	$Ra3.2\mu m$	5	不合格不得分			
17	安全文明生产		10				
学生签名：			教师签名：			总分：	

表 23-14 零件质量检查及评分（件二，占 30%）

序号	项　目	检测尺寸	配分	评分标准	自检	复检	得分
1	外圆	$\phi48$ mm	10	不合格不得分			
2	外圆	$\phi35_{-0.03}^{0}$ mm	10	超差不得分			
3	螺纹	M30×1.5-6g	10	超差不得分			
4	长度	（14±0.05）mm	10	超差不得分			
5	总长	（50±0.05）mm	10	超差不得分			
6	长度	18.46mm	10	不合格不得分			
7	椭圆	椭圆 40mm×24mm	20	不合格不得分			
8	倒角	$C1$	5	不合格不得分			
9	表面粗糙度值	$Ra3.2\mu m$	5	不合格不得分			
10	安全文明生产		10				
学生签名：			教师签名：			总分：	

五、实训小结

完成实训项目的实训报告。

模块四　高级综合训练

知识目标

1. 能正确制订零件的加工工艺。
2. 熟练运用各功能指令，提高零件加工程序的编制技巧。

技能目标

1. 掌握使用数控车床加工组合件的程序编制方法。
2. 掌握加工零件的尺寸控制方法和切削用量的选择方法。
3. 掌握组合件的加工和装配方法。

素养目标

1. 养成良好的安全文明生产意识。
2. 达到车工高级国家职业资格要求，具备职业生涯发展的基本素质与能力。

一、项目引入

图 24-1 所示为三件配组合件，对各零件进行工艺分析，填写加工工艺卡，编写加工程序，并完成零件的加工。

二、项目分析

1. 工艺分析

如图 24-1 所示，此零件为三件配组合件。三件的 $\phi48^{0}_{-0.03}$ mm 外圆先车至 $\phi48.5$mm，待三件装配后统一加工至尺寸。先加工螺纹轴，螺纹轴包括外圆、沟槽、螺纹和锥度。为了便于装夹定位，应先加工螺纹轴的左边外圆台阶，再调头装夹已加工 $\phi30$mm 外圆，加工右边各部外圆、沟槽和螺纹。

螺母和锥套在同一件材料上，应先加工螺母，再加工锥套。

2. 工具、量具及材料准备

1）刀具：90°外圆车刀、$\phi20$mm 麻花钻、外螺纹车刀、$\phi16$mm 镗刀，3mm 外切槽刀各一把。

198

2）量具：0~200mm 游标卡尺、25~50mm 外径千分尺、25~50 mm 内径千分尺各一套。

3）材料及规格：45 钢，ϕ50mm×90mm、ϕ50mm×75mm。

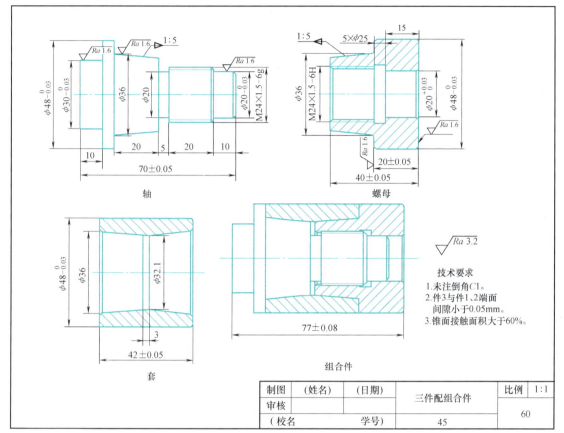

图 24-1 三件配组合件

三、项目实施

1. 确定加工步骤，填写加工工艺卡（表 24-1~表 24-3）

表 24-1 加工工艺卡（轴）

零件图号		材料				毛坯尺寸		
零件名称			刀具	背吃刀量 a_p/mm	主轴转速 n/(r/min)	进给量 f/(mm/r)	设备型号	
工步	工步内容						工艺简图	
1								
2								
3								
4								
5								
6								
7								

（续）

零件图号			材料			毛坯尺寸	
零件名称		刀具	背吃刀量 a_p/mm	主轴转速 n/(r/min)	进给量 f/(mm/r)	设备型号	
工步	工步内容					工艺简图	
8							
9							
10							
11							
12							
13							
14							

表 24-2　加工工艺卡（螺母）

零件图号			材料			毛坯尺寸	
零件名称		刀具	背吃刀量 a_p/mm	主轴转速 n/(r/min)	进给量 f/(mm/r)	设备型号	
工步	工步内容					工艺简图	
1							
2							
3							
4							
5							
6							
7							
8							
9							

表 24-3　加工工艺卡（套）

零件图号			材料			毛坯尺寸	
零件名称		刀具	背吃刀量 a_p/mm	主轴转速 n/(r/min)	进给量 f/(mm/r)	设备型号	
工步	工步内容					工艺简图	
1							
2							
3							
4							
5							
6							
7							

（续）

零件图号			材料				毛坯尺寸		
零件名称			刀具	背吃刀量	主轴转速	进给量	设备型号		
工步	工步内容			a_p/mm	n/(r/min)	f/(mm/r)	工艺简图		
8									
9									
10									
11									
12									
13									
14									

图中标注：与轴配合加工　$\phi32.1$　$\phi48^{\ 0}_{-0.03}$　3　42 ± 0.05

2. 加工零件的质量检查及评分（表 24-4 ~ 表 24-7）

表 24-4　零件质量检查及评分（轴，占 40%）

序号	项目	检测尺寸	配分	评分标准	自检	复检	得分
1	外圆	$\phi48^{\ 0}_{-0.03}$ mm	10	超差不得分			
2	外圆	$\phi30^{\ 0}_{-0.03}$ mm	10	超差不得分			
3	外圆	$\phi20^{\ 0}_{-0.03}$ mm	10	超差不得分			
4	螺纹	M24×1.5-6g	20	超差不得分			
5	总长	(70±0.05) mm	10	超差不得分			
6	长度	20mm、20mm	4	不合格不得分			
7	长度	10mm、10mm	4	不合格不得分			
8	锥度	1:5	10	不合格不得分			
9	倒角	C1	4	不合格不得分			
10	槽	5mm×ϕ20mm	4	不合格不得分			
11	表面粗糙度值	Ra1.6μm 三处	4	不合格不得分			
12	安全文明生产		10				
学生签名：			教师签名：			总分：	

表 24-5　零件质量检查及评分（螺母，占 40%）

序号	项目	检测尺寸	配分	评分标准	自检	复检	得分
1	外圆	$\phi48^{\ 0}_{-0.03}$ mm	10	超差不得分			
2	内孔	$\phi20^{+0.03}_{\ 0}$ mm	10	超差不得分			
3	螺纹	M24×1.5-6H	20	超差不得分			
4	总长	(40±0.05) mm	10	超差不得分			
5	长度	(20±0.05) mm	10	超差不得分			
6	长度	15mm	5	不合格不得分			
7	锥度	1:5	10	不合格不得分			
8	槽	5mm×ϕ25mm	5	不合格不得分			
9	倒角	C1	5	不合格不得分			
10	表面粗糙度值	Ra1.6μm	5	不合格不得分			
11	安全文明生产		10				
学生签名：			教师签名：			总分：	

表 24-6 零件质量检查及评分（套，占 15%）

序号	项目	检测尺寸	配分	评分标准	自检	复检	得分
1	外圆	$\phi48_{-0.03}^{0}$ mm	15	超差不得分			
2	内孔	$\phi36$mm	15	不合格不得分			
3	锥度	1：5	15	不合格不得分			
4	总长	(42±0.05)mm	15	超差不得分			
5	长度	3mm	10	不合格不得分			
6	倒角	$C1$	10	不合格不得分			
7	表面粗糙度值	$Ra3.2\mu$m	10	不合格不得分			
8	安全文明生产		10				
学生签名：			教师签名：			总分：	

表 24-7 零件质量检查及评分（组合件，占 5%）

序号	项目	检测尺寸	配分	评分标准	自检	复检	得分
1	长度	(77±0.08)mm	60	超差不得分			
2	完整度		40	不合格不得分			
学生签名：			教师签名：			总分：	

四、实训小结

完成实训项目的实训报告。

项目二十五　高级综合训练二

知识目标

1. 能正确制订零件的加工工艺。
2. 熟练运用各功能指令，提高零件加工程序的编制技巧。

技能目标

1. 掌握使用数控车床加工组合件的程序编制方法。
2. 掌握加工零件的尺寸控制方法和切削用量的选择方法。
3. 掌握组合件的加工和装配方法。

素养目标

1. 养成良好的安全文明生产意识。
2. 达到车工高级国家职业资格要求，具备职业生涯发展的基本素质与能力。

一、项目引入

图 25-1 所示为三件配组合件，对各零件进行工艺分析，编写加工程序，填写加工工艺

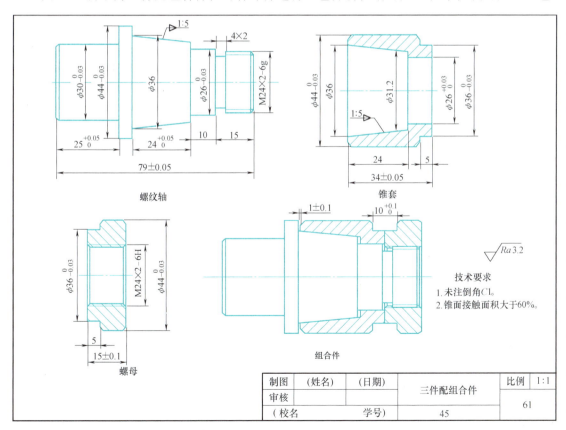

图 25-1　三件配组合件

卡，并完成零件的加工。

二、项目分析

1. 工艺分析

如图 25-1 所示，此零件为三件配组合件。应先加工螺纹轴，螺纹轴包括外圆、沟槽、螺纹和锥度。为了便于装夹定位，应先将螺纹轴的左边外圆台阶 $\phi44$mm 外圆车至 $\phi44.5$mm，再调头装夹已加工的 $\phi30$mm 外圆，加工右边各部外圆、沟槽和螺纹。

螺母和锥套在同一件材料上，应先把外圆车至 $\phi44.5$mm 再加工锥套和螺母，$\phi36$mm 的台阶先不加工。把螺纹轴、螺母和锥套配合组装好后用两顶尖找正，再加工 $\phi44_{-0.03}^{0}$mm 至尺寸，切 $\phi36_{-0.03}^{0}$mm $\times 10_{0}^{+0.1}$mm 槽。

2. 工具、量具及材料准备

1）刀具：90°外圆车刀、$\phi20$mm 麻花钻、外螺纹车刀、$\phi16$mm 镗刀，3mm 外切槽刀各一把。

2）量具：0~200mm 游标卡尺、25~50mm 外径千分尺、25~50mm 内径千分尺各一套。

3）材料及规格：45 钢，$\phi50$mm×83mm、$\phi50$mm×57mm。

三、项目实施

1. 确定加工步骤，填写加工工艺卡（表 25-1~表 25-4）

表 25-1　加工工艺卡（螺纹轴）

零件图号			材料				毛坯尺寸		
零件名称			刀具	背吃刀量 a_p/mm	主轴转速 n/(r/min)	进给量 f/(mm/r)	设备型号		
工步	工步内容						工艺简图		
1									
2									
3									
4									
5									
6									
7									
8									
9									
10									
11									
12									
13									
14									

表 25-2　加工工艺卡（锥套）

零件图号		材料			毛坯尺寸	
零件名称		刀具	背吃刀量 a_p/mm	主轴转速 $n/(\text{r/min})$	进给量 $f/(\text{mm/r})$	设备型号	
工步	工步内容					工艺简图
1						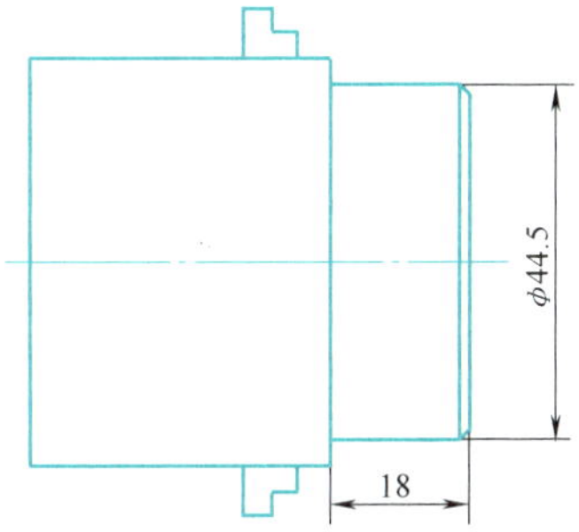
2						
3						
4						
5						
6						
7						
8						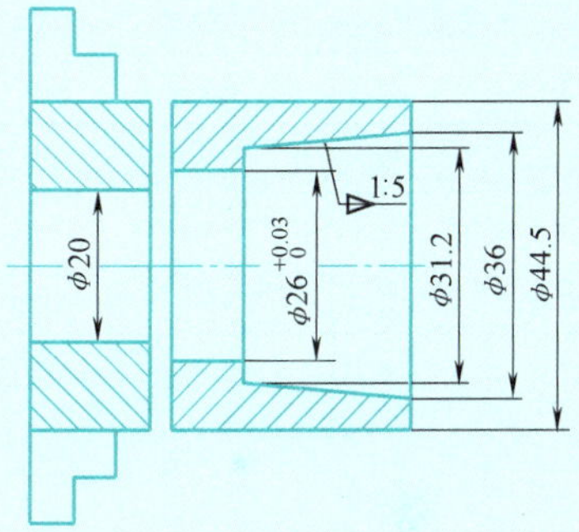
9						
10						
11						
12						
13						
14						

表 25-3　加工工艺卡（螺母）

零件图号		材料			毛坯尺寸	
零件名称		刀具	背吃刀量 a_p/mm	主轴转速 $n/(\text{r/min})$	进给量 $f/(\text{mm/r})$	设备型号	
工步	工步内容					工艺简图
1						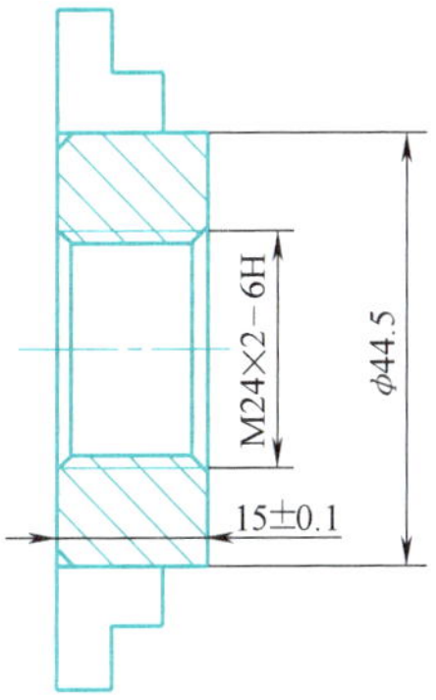
2						
3						
4						
5						
6						
7						

表 25-4　加工工艺卡（组合件）

零件图号			材料				毛坯尺寸		
零件名称			刀具	背吃刀量 a_p/mm	主轴转速 n/(r/min)	进给量 f/(mm/r)	设备型号		
工步	工步内容						工艺简图		
1									
2									
3									
4									
5									

2. 加工零件的质量检查及评分（表 25-5～表 25-8）

表 25-5　零件质量检查及评分（螺纹轴，占 40%）

序号	项目	检测尺寸	配分	评分标准	自检	复检	得分
1	外圆	$\phi 44_{-0.03}^{0}$ mm	8	超差不得分			
2	外圆	$\phi 30_{-0.03}^{0}$ mm	8	超差不得分			
3	外圆	$\phi 26_{-0.03}^{0}$ mm	8	超差不得分			
4	螺纹	M24×2-6g	15	超差不得分			
5	总长	（79±0.05）mm	8	超差不得分			
6	长度	10mm、15mm	4	不合格不得分			
7	长度	$25_{0}^{+0.05}$ mm	8	超差不得分			
8	长度	$24_{0}^{+0.05}$ mm	8	超差不得分			
9	锥度	1∶5	10	不合格不得分			
10	倒角	C1	4	不合格不得分			
11	槽	4mm×2mm	4	不合格不得分			
12	表面粗糙度值	$Ra3.2\mu m$	5	不合格不得分			
13	安全文明生产		10				
学生签名：			教师签名：			总分：	

表 25-6　零件质量检查及评分（锥套，占 25%）

序号	项目	检测尺寸	配分	评分标准	自检	复检	得分
1	外圆	$\phi 44_{-0.03}^{0}$ mm	15	超差不得分			
2	外圆	$\phi 36_{-0.03}^{0}$ mm	15	超差不得分			
3	螺纹	M24×2-6H	20	超差不得分			
4	总长	（34±0.05）mm	15	超差不得分			
5	长度	5mm	5	不合格不得分			
6	倒角	C1	10	不合格不得分			
7	表面粗糙度值	$Ra3.2\mu m$	10	不合格不得分			
8	安全文明生产		10				
学生签名：			教师签名：			总分：	

表 25-7　零件质量检查及评分（螺母，占 25%）

序号	项目	检测尺寸	配分	评分标准	自检	复检	得分
1	外圆	$\phi 44_{-0.03}^{0}$ mm	15	超差不得分			
2	外圆	$\phi 36_{-0.03}^{0}$ mm	15	超差不得分			
3	总长	（15±0.1）mm	15	超差不得分			
4	螺纹	M24×2-6H	10	超差不得分			
5	长度	5	10	不合格不得分			
6	倒角	C1	5	不合格不得分			
7	表面粗糙度值	$Ra3.2\mu m$	10	不合格不得分			
8	安全文明生产		20				
学生签名：			教师签名：		总分：		

表 25-8　零件质量检查及评分（组合件，占 10%）

序号	项目	检测尺寸	配分	评分标准	自检	复检	得分
1	长度	（1±0.1）mm	30	超差不得分			
2	长度	$10_{0}^{+0.1}$ mm	30	超差不得分			
3	完整度		40	不合格不得分			
学生签名：			教师签名：		总分：		

四、实训小结

完成实训项目的实训报告。

项目二十六　高级综合训练三

知识目标

1. 能正确制订零件的加工工艺。
2. 掌握宏程序的特点及 B 类宏程序的编写与加工方法。

技能目标

1. 掌握使用数控车床加工非圆曲线轮廓零件的程序编制方法。
2. 掌握加工零件的尺寸控制方法和切削用量的选择方法。
3. 掌握组合件的加工和装配方法。

素养目标

1. 养成良好的安全文明生产意识。
2. 达到车工高级国家职业资格要求，具备职业生涯发展的基本素质与能力。

一、项目引入

图 26-1 所示为三件配组合件，对各零件进行工艺分析，填写加工工艺卡，编写加工程

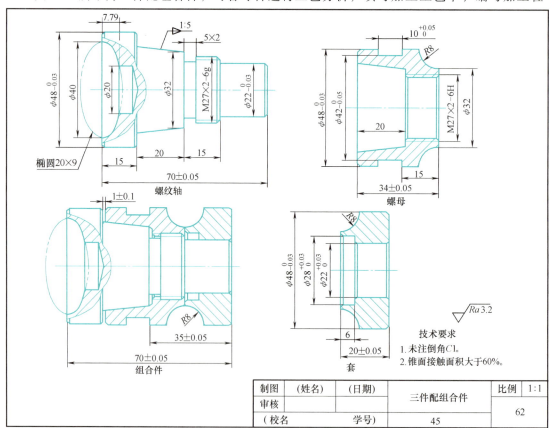

图 26-1　三件配组合件

序，并完成零件的加工。材料及规格：45 钢，ϕ50mm×135mm。

二、项目分析

1. 工艺分析

如图 26-1 所示，此零件为三件配组合件。三件零件共用一件原材料。加工时，应先加工螺纹轴，螺纹轴包括外圆、沟槽、螺纹和锥度。加工完后切断，调头车内孔椭圆；再加工套；加工完先切断，然后加工螺母，应先加工锥度孔端，把螺纹小径车好，将 $\phi 48^{\ 0}_{-0.03}$ mm 外圆车至尺寸，调头车全长、车圆弧和螺纹。

2. 工具、量具及材料准备

1）刀具：90°外圆车刀、ϕ20mm 麻花钻、外螺纹车刀、ϕ16mm 镗刀、3mm 外切槽刀各一把。

2）量具：0~200mm 游标卡尺、25~50mm 外径千分尺、25~50mm 内径千分尺各一套。

3）材料及规格：45 钢，ϕ50mm×135mm。

三、项目实施

1. 确定加工步骤，填写加工工艺卡（表 26-1~表 26-3）

表 26-1　加工工艺卡（螺纹轴）

零件图号		材料			毛坯尺寸	
零件名称		刀具	背吃刀量 a_p/mm	主轴转速 n/(r/min)	进给量 f/(mm/r)	设备型号
工步	工步内容					工艺简图
1 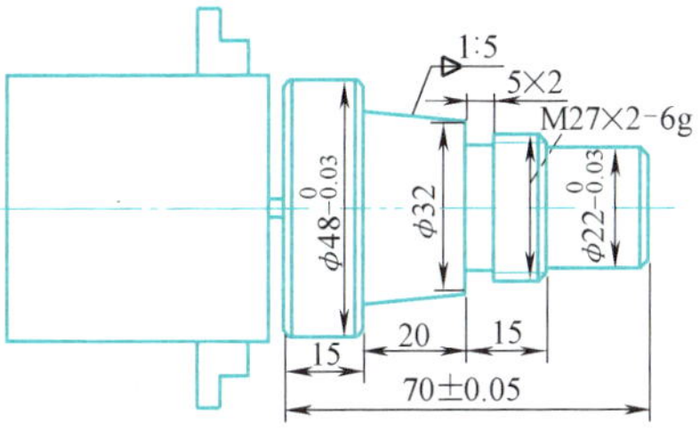						
2						
3						
4						
5						
6						
7						
8 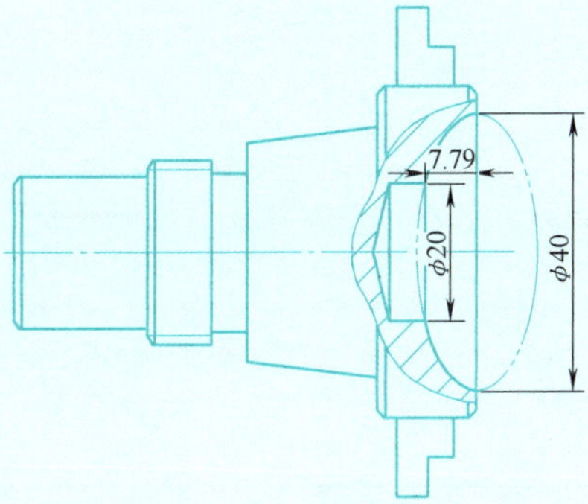						
9						
10						
11						
12						
13						
14						

表 26-2　加工工艺卡（套）

零件图号			材料				毛坯尺寸		
零件名称			刀具	背吃刀量 a_p/mm	主轴转速 $n/(\text{r/min})$	进给量 $f/(\text{mm/r})$	设备型号		
工步	工步内容						工艺简图		
1									
2									
3									
4									
5									
6									
7									

表 26-3　加工工艺卡（螺母）

零件图号			材料				毛坯尺寸		
零件名称			刀具	背吃刀量 a_p/mm	主轴转速 $n/(\text{r/min})$	进给量 $f/(\text{mm/r})$	设备型号		
工步	工步内容						工艺简图		
1									
2									
3									
4									
5									
6									
7									
8									
9									
10									
11									
12									
13									
14									
15									
16									
17									
18									
19									
20									
21									
22									

2. 加工零件的质量检查及评分（表 26-4~表 26-7）

表 26-4　零件质量检查及评分（螺纹轴，占 35%）

序号	项目	检测尺寸	配分	评分标准	自检	复检	得分
1	外圆	$\phi 48^{0}_{-0.03}$ mm	15	超差不得分			
2	外圆	$\phi 22^{0}_{-0.03}$ mm	15	超差不得分			
3	螺纹	M27×2-6g	15	超差不得分			
4	总长	（70±0.05）mm	15	超差不得分			
5	长度	20mm、15mm、15mm	6	不合格不得分			
6	锥度	1：5	10	不合格不得分			
7	倒角	C1	6	不合格不得分			
8	槽	5mm×2mm	4	不合格不得分			
9	表面粗糙度值	Ra3.2μm	4	不合格不得分			
10	安全文明生产	10	10				
学生签名：			教师签名：		总分：		

表 26-5　零件质量检查及评分（套，占 25%）

序号	项目	检测尺寸	配分	评分标准	自检	复检	得分
1	外圆	$\phi 48^{0}_{-0.03}$ mm	15	超差不得分			
2	内孔	$\phi 28^{+0.03}_{0}$ mm	15	超差不得分			
3	内孔	$\phi 22^{+0.03}_{0}$ mm	15	超差不得分			
4	总长	（20±0.05）mm	15	超差不得分			
5	长度	6mm	5	不合格不得分			
6	倒角	C1	10	不合格不得分			
7	圆弧	R8mm	10	不合格不得分			
8	表面粗糙度值	Ra3.2μm	5	不合格不得分			
9	安全文明生产		10				
学生签名：			教师签名：		总分：		

表 26-6　零件质量检查及评分（螺母，占 25%）

序号	项目	检测尺寸	配分	评分标准	自检	复检	得分
1	外圆	$\phi 48^{0}_{-0.03}$ mm	10	超差不得分			
2	外圆	$\phi 42^{0}_{-0.05}$ mm	10	超差不得分			
3	总长	（34±0.05）mm	10	超差不得分			
4	槽宽	$10^{+0.05}_{0}$ mm	10	超差不得分			
5	螺纹	M27×2-6H	10	超差不得分			
6	长度	20mm	5	超差不得分			
7	长度	15mm	5	不合格不得分			
8	圆弧	R8mm	5	不合格不得分			
9	锥度	1：5	15	不合格不得分			
10	倒角	C1	5	不合格不得分			
11	表面粗糙度值	Ra3.2μm	5	不合格不得分			
12	安全文明生产		10				
学生签名：			教师签名：		总分：		

表 26-7 零件质量检查及评分（组合件，占 15%）

序号	项目	检测尺寸	配分	评分标准	自检	复检	得分
1	宽度	(1±0.1)mm	20	超差不得分			
2	长度	(35±0.05)mm	20	超差不得分			
3	长度	(70±0.05)mm	20	超差不得分			
4	完整度		40				
学生签名：				教师签名：		总分：	

四、实训小结

完成实训项目的实训报告。

项目二十七　高级综合训练四

知识目标

1. 能正确制订零件的加工工艺。
2. 掌握宏程序的特点及 B 类宏程序的编写与加工方法。

技能目标

1. 掌握使用数控车床加工非圆曲线轮廓零件的程序编制方法。
2. 掌握加工零件的尺寸控制方法和切削用量的选择方法。
3. 掌握组合件的加工和装配方法。

素养目标

1. 养成良好的安全文明生产意识。
2. 达到车工高级国家职业资格要求，具备职业生涯发展的基本素质与能力。

一、项目引入

图 27-1 所示为两件配组合件，对各零件进行工艺分析，填写加工工艺卡，编写加工程

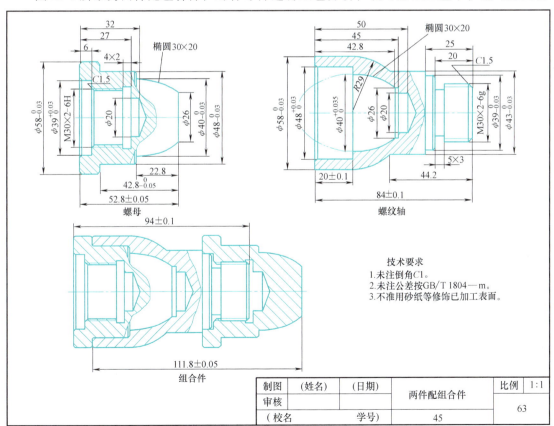

图 27-1　两件配组合件

序，并完成零件的加工。

二、项目分析

1. 工艺分析

如图 27-1 所示，此零件为两件配组合件。材料及规格为：45 钢，$\phi 60\text{mm} \times 55\text{mm}$、$\phi 60\text{mm} \times 86\text{mm}$。先加工螺纹轴，再加工螺母。

螺纹轴先加工有内孔端，再平端面、钻孔、车 $\phi 58_{-0.03}^{0}\text{mm}$ 外圆、车内孔。调头车螺纹端：车全长、车外轮廓、切槽、车螺纹。

螺母先加工 $\phi 58_{-0.03}^{0}\text{mm}$ 外圆（外圆可车长于 20mm），车内孔、内螺纹，再调头装夹已加工 $\phi 58_{-0.03}^{0}\text{mm}$ 外圆，车全长、钻中心孔。装夹 $\phi 58_{-0.03}^{0}\text{mm}$ 外圆伸出 8mm 长度，用活动顶尖支承，加工外圆轮廓至尺寸。

2. 工具、量具及材料准备

1）刀具：90°外圆车刀、$\phi 20\text{mm}$ 麻花钻、外螺纹车刀、$\phi 16\text{mm}$ 镗刀、3mm 外切槽刀各一把。

2）量具：0～200mm 游标卡尺、25～50mm 外径千分尺、25～50mm 内径千分尺各一套。

3）材料及规格：45 钢，$\phi 60\text{mm} \times 55\text{mm}$、$\phi 60\text{mm} \times 86\text{mm}$。

三、项目实施

1. 确定加工步骤，填写加工工艺卡（表 27-1 和表 27-2）

表 27-1　加工工艺卡（螺纹轴）

零件图号			材料				毛坯尺寸		
零件名称			刀具	背吃刀量 a_p/mm	主轴转速 $n/(\text{r/min})$	进给量 $f/(\text{mm/r})$	设备型号		
工步	工步内容						工艺简图		
1									
2									
3									
4									
5									
6									
7									
8									
9									
10									
11									
12									
13									
14									

表27-2　加工工艺卡（螺母）

零件图号			材料				毛坯尺寸	
零件名称			刀具	背吃刀量 a_p/mm	主轴转速 n/(r/min)	进给量 f/(mm/r)	设备型号	
工步	工步内容						工艺简图	
1								
2								
3								
4								
5								
6								
7								
8								
9								
10								
11								
12								
13								
14								

2. 加工零件的质量检查及评分（表27-3～表27-5）

表27-3　零件质量检查及评分（螺纹轴，占60%）

序号	项目	检测尺寸	配分	评分标准	自检	复检	得分
1	外圆	$\phi58_{-0.03}^{0}$ mm	7	超差不得分			
2	外圆	$\phi43_{-0.03}^{0}$ mm	7	超差不得分			
3	外圆	$\phi39_{-0.03}^{0}$ mm	7	超差不得分			
4	内孔	$\phi40_{0}^{+0.035}$ mm	7	超差不得分			
5	内孔	$\phi48_{0}^{+0.03}$ mm	7	超差不得分			
6	内孔	$\phi26$mm	2	不合格不得分			
7	螺纹	M30×2-6g	10	超差不得分			
8	总长	(84±0.1)mm	7	超差不得分			
9	长度	(20±0.1)mm	7	超差不得分			
10	长度	20mm、25mm、44.2mm	4	不合格不得分			
11	长度	42.8mm、45mm	3	不合格不得分			
12	圆弧	R29	3	不合格不得分			
13	倒角	C1.5、C1	3	不合格不得分			
14	槽	5mm×3mm	3	不合格不得分			
15	椭圆	30mm×20mm	10	不合格不得分			
16	表面粗糙度值	Ra3.2μm	3	不合格不得分			
17		安全文明生产	10				

学生签名：　　　　　　　　　　教师签名：　　　　　　　总分：

表 27-4　零件质量检查及评分（螺母，占 30%）

序号	项目	检测尺寸	配分	评分标准	自检	复检	得分
1	外圆	$\phi 58_{-0.03}^{0}$ mm	8	超差不得分			
2	外圆	$\phi 48_{-0.03}^{0}$ mm	8	超差不得分			
3	外圆	$\phi 40_{-0.03}^{0}$ mm	8	超差不得分			
4	内孔	$\phi 39_{0}^{+0.03}$ mm	8	超差不得分			
5	螺纹	M30×2-6H	8	超差不得分			
6	总长	（52.8±0.05）mm	8	超差不得分			
7	长度	32mm、27mm、6mm	10	不合格不得分			
8	长度	22.8mm、$42.8_{-0.05}^{0}$ mm	10	不合格不得分			
9	槽	4mm×2mm	3	不合格不得分			
10	倒角	C1.5、C1	4	不合格不得分			
11	表面粗糙度值	Ra3.2μm	5	不合格不得分			
12	椭圆	30mm×20mm	10	不合格不得分			
13		安全文明生产	10				
学生签名：			教师签名：			总分：	

表 27-5　零件质量检查及评分（组合件，占 10%）

序号	项目	检测尺寸	配分	评分标准	自检	复检	得分
1	长度	（94±0.1）mm	30	超差不得分			
2	长度	（111.8±0.05）mm	30	超差不得分			
3	完整度		40				
学生签名：			教师签名：			总分：	

四、实训小结

完成实训项目的实训报告。

知识目标

1. 能正确制订零件的加工工艺。
2. 熟练运用各功能指令，提高零件加工程序的编制技巧。

技能目标

1. 掌握使用数控车床加工组合件的程序编制方法。
2. 掌握加工零件的尺寸控制方法和切削用量的选择方法。
3. 掌握组合件的加工和装配方法。

素养目标

1. 养成良好的安全文明生产意识。
2. 达到车工高级国家职业资格要求，具备职业生涯发展的基本素质与能力。

一、项目引入

图 28-1 所示为两件配组合件，对各零件进行工艺分析，填写加工工艺卡，编写加工程序，并完成零件的加工。

二、项目分析

1. 工艺分析

2. 工具、量具及材料准备

1）刀具：90°外圆车刀、ϕ20mm 麻花钻、外螺纹车刀、ϕ16mm 镗刀、3mm 外切槽刀各一把。

2）量具：0~200mm 游标卡尺、25~50mm 外径千分尺、25~50mm 内径千分尺各一套。

3）材料及规格：45 钢，ϕ60mm×62mm、ϕ60mm×42mm。

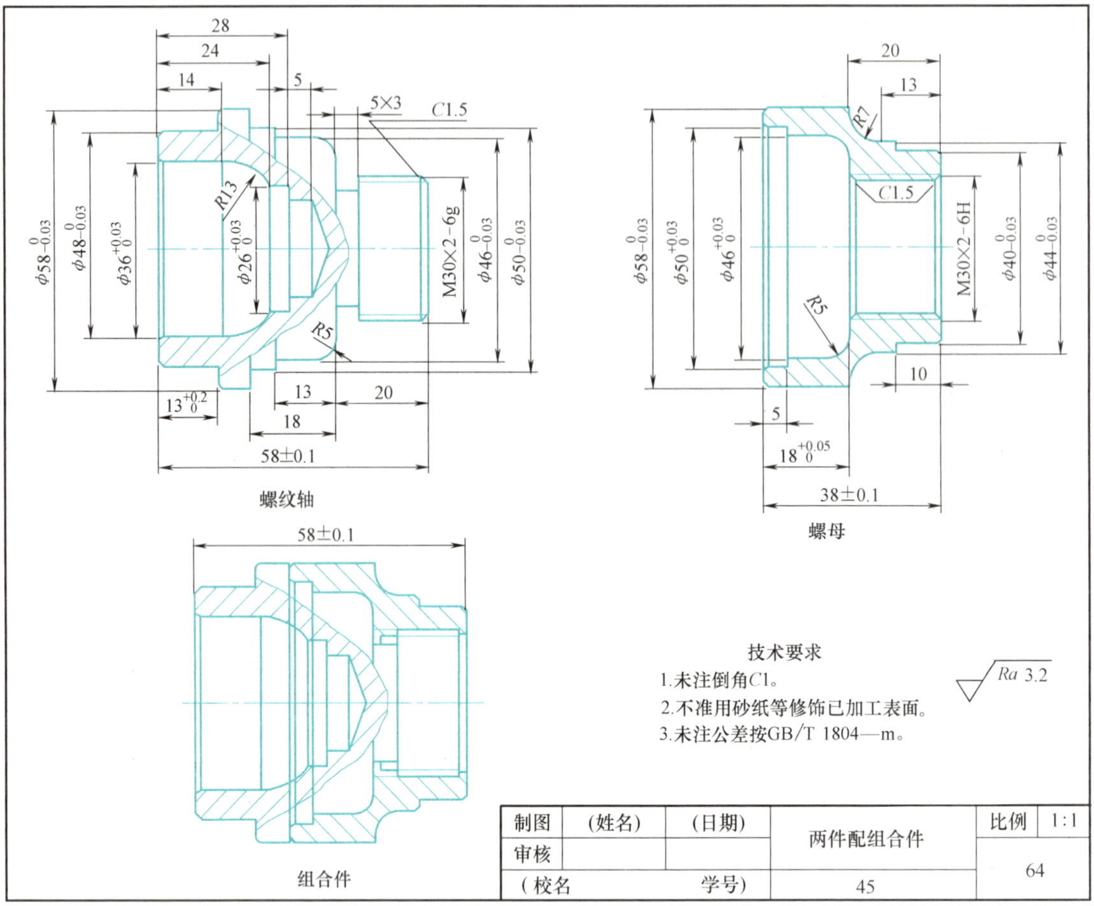

图 28-1　两件配组合件

三、项目实施

1. 确定加工步骤，填写加工工艺卡，画出工艺简图（表 28-1 和表 28-2）

表 28-1　加工工艺卡（螺纹轴）

零件图号			材料			毛坯尺寸		
零件名称		刀具	背吃刀量 a_p/mm	主轴转速 n/(r/min)	进给量 f/(mm/r)	设备型号		
工步	工步内容					工艺简图		
1								
2								
3								
4								
5								
6								
7								

（续）

零件图号			材料				毛坯尺寸		
零件名称			刀具	背吃刀量 a_p/mm	主轴转速 n/(r/min)	进给量 f/(mm/r)	设备型号		
工步	工步内容						工艺简图		
8									
9									
10									
11									
12									
13									
14									

表 28-2　加工工艺卡（螺母）

零件图号			材料				毛坯尺寸		
零件名称			刀具	背吃刀量 a_p/mm	主轴转速 n/(r/min)	进给量 f/(mm/r)	设备型号		
工步	工步内容						工艺简图		
1									
2									
3									
4									
5									
6									
7									
8									
9									
10									
11									
12									
13									
14									

2. 加工零件的质量检查及评分（表 28-3~ 表 28-5）

表 28-3　零件质量检查及评分（螺纹轴，50%）

序号	项目	检测尺寸	配分	评分标准	自检	复检	得分
1	外圆	$\phi 58_{-0.03}^{0}$ mm	7	超差不得分			
2	外圆	$\phi 48_{-0.03}^{0}$ mm	7	超差不得分			
3	外圆	$\phi 50_{-0.03}^{0}$ mm	7	超差不得分			
4	外圆	$\phi 46_{-0.03}^{0}$ mm	7	超差不得分			
5	内孔	$\phi 36_{0}^{+0.03}$ mm	7	超差不得分			

（续）

序号	项目	检测尺寸	配分	评分标准	自检	复检	得分
6	内孔	$\phi 26^{+0.03}_{0}$ mm	7	超差不得分			
7	螺纹	M30×2-6g	8	超差不得分			
8	总长	(58±0.1)mm	7	超差不得分			
9	长度	$13^{+0.2}_{0}$ mm	7	超差不得分			
10	长度	20mm、18mm、13mm	4	不合格不得分			
11	长度	14mm、24mm、28mm	4	不合格不得分			
12	圆弧	R13mm、R5mm	4	不合格不得分			
13	倒角	C1.5、C1	6	不合格不得分			
14	槽	5mm×3mm	3	不合格不得分			
15	表面粗糙度值	Ra3.2μm	5	不合格不得分			
16	安全文明生产		10				
学生签名：			教师签名：			总分：	

表 28-4 零件质量检查及评分（螺母，占 35%）

序号	项目	检测尺寸	配分	评分标准	自检	复检	得分
1	外圆	$\phi 58^{0}_{-0.03}$ mm	8	超差不得分			
2	外圆	$\phi 44^{0}_{-0.03}$ mm	8	超差不得分			
3	外圆	$\phi 40^{0}_{-0.03}$ mm	8	超差不得分			
4	内孔	$\phi 50^{+0.03}_{0}$ mm	8	超差不得分			
5	内孔	$\phi 46^{+0.03}_{0}$ mm	8	超差不得分			
6	螺纹	M30×2-6H	10	超差不得分			
7	总长	(38±0.1)mm	8	超差不得分			
8	长度	$\phi 18^{+0.05}_{0}$ mm	8	超差不得分			
9	长度	10mm、20mm	6	不合格不得分			
10	长度	5mm	4	不合格不得分			
11	圆弧	R5mm、R7mm	4	不合格不得分			
12	倒角	C1.5、C1	5	不合格不得分			
13	表面粗糙度值	Ra3.2μm	5	不合格不得分			
14	安全文明生产		10				
学生签名：			教师签名：			总分：	

表 28-5 零件质量检查及评分（组合件，占 15%）

序号	项目	检测尺寸	配分	评分标准	自检	复检	得分
1	长度	(58±0.1)mm	40	超差不得分			
2	完整度		60				
学生签名：			教师签名：			总分：	

四、实训小结

完成实训项目的实训报告。

项目二十九 高级综合训练六

知识目标

1. 能正确制订零件的加工工艺。
2. 掌握宏程序的特点及 B 类宏程序的编写与加工方法。

技能目标

1. 掌握使用数控车床加工非圆曲线轮廓零件的程序编制方法。
2. 掌握加工零件的尺寸控制方法和切削用量的选择方法。
3. 掌握组合件的加工和装配方法。

素养目标

1. 养成良好的安全文明生产意识。
2. 达到车工高级国家职业资格要求，具备职业生涯发展的基本素质与能力。

一、项目引入

图 29-1 所示为两件配组合件，对各零件进行工艺分析，填写加工工艺卡，编写加工程序，并完成零件的加工。

二、项目分析

1. 工艺分析

2. 工具、量具及材料准备

1）刀具：90°外圆车刀、φ20mm 麻花钻、外螺纹车刀、φ16mm 镗刀、3mm 外切槽刀各一把。

2）量具：0~200mm 游标卡尺、25~50mm 外径千分尺、25~50mm 内径千分尺各一套。

3）材料及规格：45 钢，φ60mm×87mm、φ60mm×43mm。

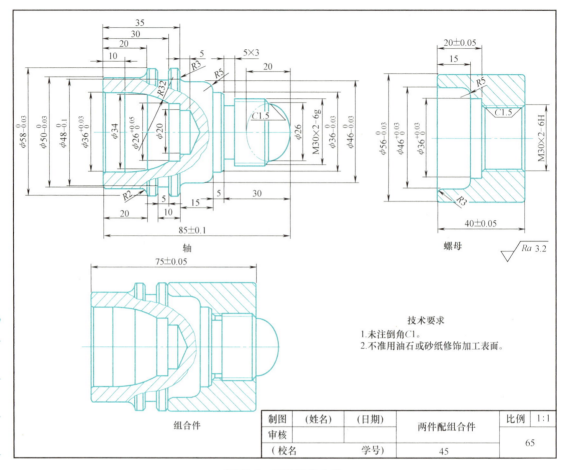

图 29-1　两件配组合件

三、项目实施

1. 确定加工步骤，填写加工工艺卡，画出工艺简图（表 29-1 和表 29-2）

表 29-1　加工工艺卡（轴）

零件图号			材料				毛坯尺寸		
零件名称			刀具	背吃刀量 a_p/mm	主轴转速 n/(r/min)	进给量 f/(mm/r)	设备型号		
工步	工步内容						工艺简图		
1									
2									
3									
4									
5									
6									
7									

（续）

零件图号			材料				毛坯尺寸		
零件名称			刀具	背吃刀量 a_p/mm	主轴转速 n/(r/min)	进给量 f/(mm/r)	设备型号		
工步	工步内容						工艺简图		
8									
9									
10									
11									
12									
13									
14									

表 29-2　加工工艺卡（螺母）

零件图号			材料				毛坯尺寸		
零件名称			刀具	背吃刀量 a_p/mm	主轴转速 n/(r/min)	进给量 f/(mm/r)	设备型号		
工步	工步内容						工艺简图		
1									
2									
3									
4									
5									
6									
7									
8									
9									
10									
11									
12									
13									
14									

2. 加工零件的质量检查及评分（表 29-3~表 29-5）

表 29-3　零件质量检查及评分（轴，占 50%）

序号	项目	检测尺寸	配分	评分标准	自检	复检	得分
1	外圆	$\phi 58_{-0.03}^{0}$ mm	6	超差不得分			
2	外圆	$\phi 50_{-0.03}^{0}$ mm	6	超差不得分			
3	外圆	$\phi 46_{-0.03}^{0}$ mm	6	超差不得分			
4	外圆	$\phi 48_{-0.1}^{0}$ mm	6	超差不得分			
5	外圆	$\phi 36_{-0.03}^{0}$ mm	6	超差不得分			

（续）

序号	项目	检测尺寸	配分	评分标准	自检	复检	得分
6	内孔	$\phi 36^{+0.03}_{0}$ mm	6	超差不得分			
7	内孔	$\phi 26^{+0.05}_{0}$ mm	6	超差不得分			
8	螺纹	M30×2-6g	8	超差不得分			
9	总长	(85±0.1)mm	6	超差不得分			
10	长度	15mm、30mm、5mm	3	不合格不得分			
11	长度	20mm、10mm、5mm	3	不合格不得分			
12	深度	20mm、30mm、35mm	3	不合格不得分			
13	圆弧	$R3$mm、$R5$mm、$R32$mm、$R2$mm	3	不合格不得分			
14	倒角	$C1.5$、$C1$	3	不合格不得分			
15	槽	5mm	2	不合格不得分			
16	槽	5mm×3mm	2	不合格不得分			
17	表面粗糙度值	$Ra3.2\mu$m	5	不合格不得分			
18	椭圆	13mm×10mm	10	不合格不得分			
19	安全文明生产		10				
学生签名：			教师签名：			总分：	

表 29-4　零件质量检查及评分（螺母，占 35%）

序号	项目	检测尺寸	配分	评分标准	自检	复检	得分
1	外圆	$\phi 56^{0}_{-0.03}$ mm	10	超差不得分			
2	内孔	$\phi 46^{+0.03}_{0}$ mm	10	超差不得分			
3	内孔	$\phi 36^{+0.03}_{0}$ mm	10	超差不得分			
4	螺纹	M30×2-6H	10	超差不得分			
5	总长	(40±0.05)mm	10	超差不得分			
6	深度	(20±0.05)mm	10	超差不得分			
7	深度	15mm	8	不合格不得分			
8	圆弧	$R5$mm、$R3$mm	8	不合格不得分			
9	倒角	$C1.5$、$C1$	7	不合格不得分			
10	表面粗糙度值	$Ra3.2\mu$m	7	不合格不得分			
11	安全文明生产		10				
学生签名：			教师签名：			总分：	

表 29-5　零件质量检查及评分（组合件，占 15%）

序号	项目	检测尺寸	配分	评分标准	自检	复检	得分
1	长度	(75±0.05)mm	40	超差不得分			
2	完整度		60				
学生签名：			教师签名：			总分：	

四、实训小结

完成项目实训的实训报告。

项目三十　高级综合训练七

知识目标
1. 能正确制订零件的加工工艺。
2. 熟练运用各功能指令，提高零件加工程序的编制技巧。

技能目标
1. 掌握使用数控车床加工组合件的程序编制方法。
2. 掌握加工零件的尺寸控制方法和切削用量的选择方法。
3. 掌握组合件的加工和装配方法。

素养目标
1. 养成良好的安全文明生产意识。
2. 达到车工高级国家职业资格要求，具备职业生涯发展的基本素质与能力。

一、项目引入

图 30-1 所示为两件配组合件，对各零件进行工艺分析，填写加工工艺卡，编写加工程序，并完成零件的加工。

二、项目分析

1. 工艺分析

2. 工具、量具及材料准备

1）刀具：90°外圆车刀，φ20mm 麻花钻、外螺纹车刀、φ16mm 镗刀、3mm 外切槽刀各一把。

2）量具：0～200mm 游标卡尺、25～50mm 外径千分尺、25～50 mm 内径千分尺各一套。

3）材料及规格：45 钢，φ60mm×70mm、φ60mm×30mm。

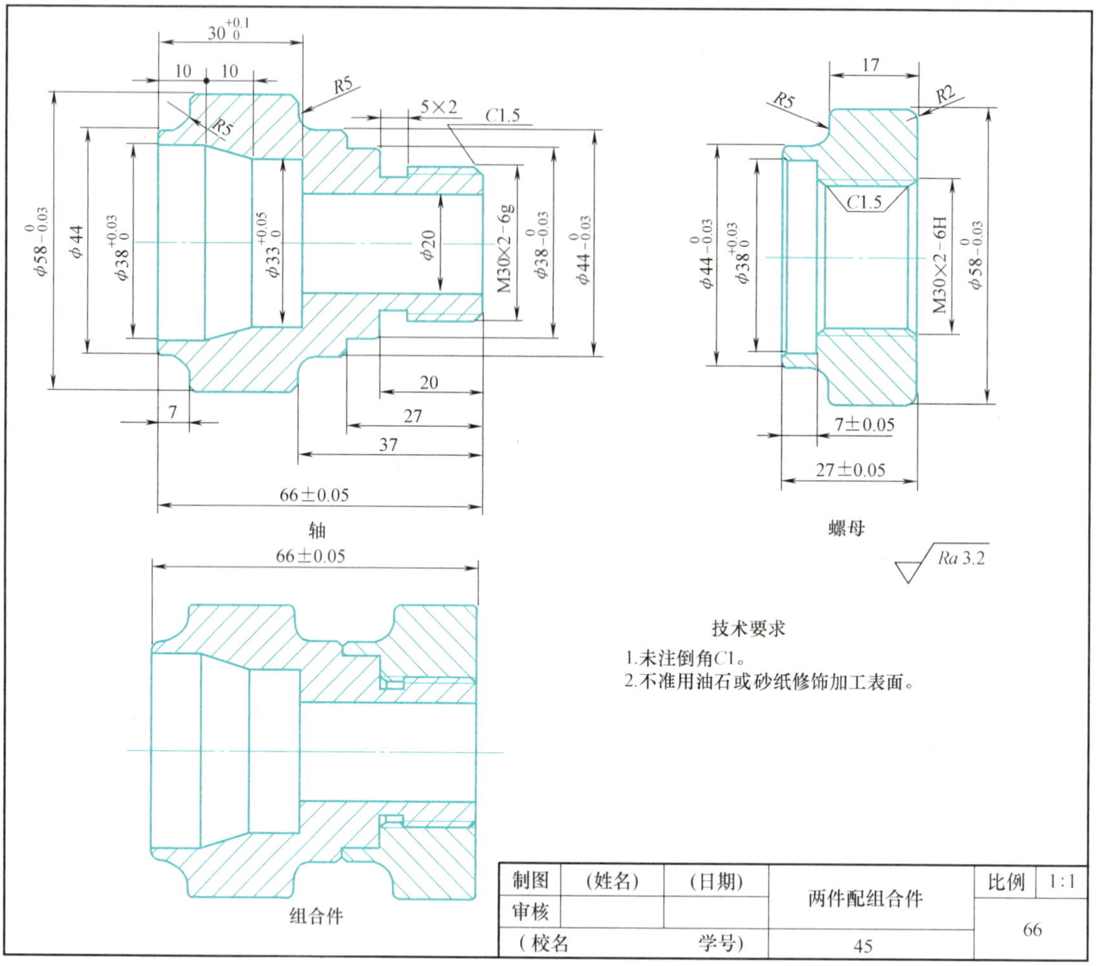

图 30-1　两件配组合件

三、项目实施

1. 确定加工步骤，填写加工工艺卡，画出工艺简图（表 30-1 和表 30-2）

表 30-1　加工工艺卡（轴）

零件图号		材料				毛坯尺寸	
零件名称		刀具	背吃刀量 a_p/mm	主轴转速 n/（r/min）	进给量 f/（mm/r）	设备型号	
工步	工步内容					工艺简图	
1							
2							
3							
4							
5							
6							
7							

（续）

零件图号		材料				毛坯尺寸		
零件名称		刀具	背吃刀量 a_p/mm	主轴转速 n/(r/min)	进给量 f/(mm/r)	设备型号		
工步	工步内容					工艺简图		
8								
9								
10								
11								
12								
13								
14								

表 30-2　加工工艺卡（螺母）

零件图号		材料				毛坯尺寸		
零件名称		刀具	背吃刀量 a_p/mm	主轴转速 n/(r/min)	进给量 f/(mm/r)	设备型号		
工步	工步内容					工艺简图		
1								
2								
3								
4								
5								
6								
7								
8								
9								
10								
11								
12								
13								
14								

2. 加工零件的质量检查及评分（表 30-3 ~ 表 30-5）

表 30-3　零件质量检查及评分（轴，占 55%）

序号	项目	检测尺寸	配分	评分标准	自检	复检	得分
1	外圆	$\phi 58_{-0.03}^{0}$ mm	7	超差不得分			
2	外圆	$\phi 44_{-0.03}^{0}$ mm	7	超差不得分			
3	外圆	$\phi 38_{-0.03}^{0}$ mm	7	超差不得分			
4	外圆	$\phi 44$ mm	7	不合格不得分			
5	内孔	$\phi 38_{0}^{+0.03}$ mm	7	超差不得分			

（续）

序号	项目	检测尺寸	配分	评分标准	自检	复检	得分
6	内孔	$\phi33^{+0.05}_{0}$ mm	7	超差不得分			
7	螺纹	M30×2-6g	10	超差不得分			
8	总长	（66±0.05）mm	7	超差不得分			
9	孔	$\phi20$mm	2	不合格不得分			
10	长度	$30^{+0.1}_{0}$ mm	5	超差不得分			
11	长度	20mm、27mm、37mm	4	不合格不得分			
12	长度	10mm、10mm	4	不合格不得分			
13	圆弧	R5mm	4	不合格不得分			
14	倒角	C1.5、C1	3	不合格不得分			
15	槽	5mm×2mm	4	不合格不得分			
16	表面粗糙度值	Ra3.2μm	5	不合格不得分			
17	安全文明生产		10				
学生签名：			教师签名：			总分：	

表 30-4 零件质量检查及评分（螺母，占 30%）

序号	项目	检测尺寸	配分	评分标准	自检	复检	得分
1	外圆	$\phi58^{0}_{-0.03}$ mm	10	超差不得分			
2	外圆	$\phi44^{0}_{-0.03}$ mm	10	超差不得分			
3	内孔	$\phi38^{+0.03}_{0}$ mm	10	超差不得分			
4	螺纹	M30×2-6H	20	超差不得分			
5	总长	（27±0.05）mm	10	超差不得分			
6	长度	（7±0.05）mm	10	超差不得分			
7	圆弧	R5mm、R2mm	8	不合格不得分			
8	倒角	C1.5、C1	6	不合格不得分			
9	表面粗糙度值	Ra3.2μm	6	不合格不得分			
10	安全文明生产		10				
学生签名：			教师签名：			总分：	

表 30-5 零件质量检查及评分（组合件，占 15%）

序号	项目	检测尺寸	配分	评分标准	自检	复检	得分
1	长度	（66±0.05）mm	40	超差不得分			
2	完整度		60				
学生签名：			教师签名：			总分：	

四、实训小结

完成项目实训的项目报告。

参 考 文 献

［1］　骆书芳. 数控车削编程与操作实训教程［M］. 北京：机械工业出版社，2020.

［2］　王晋波. 数控车工技能实训与考级［M］. 北京：电子工业出版社，2008.

［3］　林岩. 数控车工技能实训［M］. 北京：化学工业出版社，2007.

［4］　沈建峰，虞俊. 数控车工：高级［M］. 北京：机械工业出版社，2006.